湘式米粉制作工艺

主　审　盛金朋

主　编　王　庆　李　娜　郭　江

副主编　张　芝　向　军　胡先雨

　　　　赵国强　刘　郴

参　编　唐　进　张　灵　何洪峰

　　　　陈娅娅　李美钊

电子工业出版社

Publishing House of Electronics Industry

北京·BEIJING

内容简介

本书共有 6 个项目：项目一主要介绍湖南稻作文化概况，米粉的起源、发展现状和分类以及湘式米粉主要流派；项目二到项目六将湖南各地市按照区位分为湘东、湘南、湘西、湘北和湘中五大地区，每个地区按照所在地市州分类分别介绍了具有代表性的米粉品种，每个实训操作环节都分为导学、原料配备、工艺流程、成品特点、技术关键和知识拓展 6 个环节，全方位展现了每一种米粉的地域特色。

本书兼顾教育教学和培训需求的和谐统一，注意理论性和实用性相结合，适合作为烹饪及相关专业教材，也可供相关从业人员作为培训用书。

图书在版编目（CIP）数据

湘式米粉制作工艺 / 王庆，李娜，郭江主编 . —北京：电子工业出版社，2021.9

ISBN 978-7-121-41983-6

Ⅰ. ①湘⋯　Ⅱ. ①王⋯ ②李⋯ ③郭⋯　Ⅲ. ①大米—食谱　Ⅳ. ①TS972.131

中国版本图书馆 CIP 数据核字（2021）第 183940 号

责任编辑：陈　虹　　特约编辑：白俊红
印　　刷：北京天宇星印刷厂
装　　订：北京天宇星印刷厂
出版发行：电子工业出版社
　　　　　北京市海淀区万寿路 173 信箱　邮编 100036
开　　本：787×1 092　1/16　印张：9　字数：196 千字
版　　次：2021 年 9 月第 1 版
印　　次：2021 年 9 月第 1 次印刷
定　　价：38.00 元

凡所购买电子工业出版社图书有缺损问题，请向购买书店调换。若书店售缺，请与本社发行部联系，联系及邮购电话：（010）88254888，88258888。

质量投诉请发邮件至 zlts@phei.com.cn，盗版侵权举报请发邮件至 dbqq@phei.com.cn。

本书咨询联系方式：chitty@phei.com.cn。

前　言

　　湖南属于亚热带季风性湿润气候，适合水稻生长，千百年来，湖湘民众以大米为主料，创造了以米食文化为主体的地域特色饮食文化，湘式米粉便是最具湖湘特色的代表性美食之一。作为米粉消费大省，湖南民众对米粉有着特殊的感情，米粉也是重要的主食品种。由于挖掘不深入、标准化程度偏低、宣传不足等原因，湖南地区米粉尚未出现如云南过桥米线、桂林米粉、柳州螺蛳粉等在全国有重大影响力的米粉品牌，故此对湖南米粉的文化内涵、流派、口味和特色进行梳理很有必要。

　　本次湖南省人力资源和社会保障厅在"湘菜传承"系列教材中列入湘式米粉，是对"小米粉大产业"的充分认可，是挖掘湘粉文化、宣传湘粉特色的壮举，将进一步促进湘式米粉产业在全省乃至全国产生重大影响力。

　　本书由湖南省人力资源和社会保障厅职业技能鉴定中心（湖南省职业技术培训研究室）组织编写，湖南省商业技师学院盛金朋副院长主审，王庆老师统稿，项目一由湖南省商业技师学院王庆、李娜及湘菜产业促进会副秘书长郭江编写；项目二由湖南省商业技师学院王庆编写；项目三由湖南省商业技师学院张芝、郴州技师学院刘郴、潇湘技师学院唐建波编写；项目四由张家界高级技工学校向军、湖南省商业技师学院王庆及李娜编写；项目五由湖南省商业技师学院王庆、张芝、李娜编写；项目六由湖南省商业技师学院李娜、邵阳市商业技工学校赵国强编写。

　　在本书编写过程中，得到了湖南省人力资源和社会保障厅职业技能鉴定中心（湖南省职业技术培训研究室）、常德市技能人才评价指导中心、湖南省湘菜产业促进会、湖南省商业技师学院湘菜非物质传承与研究中心、郴州技师学院、潇湘技师学院、张家界高级技工学校、邵阳市商业技工学校、许璨大师工作室、湖南志明厨师学校、湖南宏达职业学校等单位的大力支持，在此一并表示诚挚的谢意。希望广大同行、同学和朋友们将本书使用过程中的意见、建议反馈给我们，以便不断改进。

　　希望广大同行、同学和朋友们将本书使用过程中的意见、建议反馈给我们，以便不断改进。

编　者

目 录

项目一 湘式米粉概述

【项目导读】

    湖南民众日常食用的以籼米为原料，经过蒸制或压榨工艺形成不同形状的米粉条，经过湘菜技法烹制而成的湖南风味食品称为湘式米粉。

    湖南属亚热带季风性湿润气候，适合水稻生长，千百年来，湖湘民众以大米为主料，创造了以米食为主体的地域特色饮食文化，湘式米粉便是最具湖湘特色的代表性美食之一。

    本项目将探究稻谷的起源和分布，了解稻谷的分类，探讨湘式米粉的源流和发展脉络，了解米粉的分类及相关知识，进而对湘式米粉的主要流派及整体风味特色进行梳理和研究。

任务一　湖南稻作文化概述

【任务导读】

稻谷是制作米粉的必备原料，要了解米粉的历史，首先要了解水稻的起源和分布。中国作为水稻的原产地，水稻及其制品是古老农耕文明的见证者，已与我们的生活融为一体。湖南更是与水稻结下了不解之缘。本任务将介绍稻谷的起源和分布，以及湖南地区水稻相关考古和遗址的概况等内容。

【任务目标】

1. 了解水稻的起源和分布情况。

2. 了解湖南的水稻文化发展历程。

3. 了解水稻的品类和制作米粉的原料。

稻作是指人们以稻的耕种、加工、食用而形成的生存活动和发展方式。在盛产稻谷的地方还具有丰富的稻作文化内涵。由华夏先祖神农氏教民稼穑的传说可以判定，当时的中国稻作与稻食技术已经相当成熟。湖南得天独厚的气候条件适合水稻生长，湖湘民众在长期的生产生活实践中形成了以稻米及其制品为主食的饮食结构，湖南的稻作文化更是源远流长、精彩纷呈。两处重大的考古发现及一项改变世界的技术发明奠定了湖南稻作文化在水稻起源和发展历程中的重要地位。

（一）道县玉蟾岩的发现

玉蟾岩属湖南省道县寿雁镇所辖，为喀斯特地貌区的一座石灰岩残丘，周围是一片人工森林和平坦的稻田。1993 年和 1995 年，湖南省文物考古研究所袁家荣副所长领导的考古队先后两次发掘，共出土了四粒稻谷。经过碳 14 鉴定，年代约为 1 万年前，是目前世界上发现最早的人工栽培稻标本，刷新了人类最早栽培水稻的历史纪录。2001 年 6 月，玉蟾岩遗址被国务院批准公布为第五批全国重点文物保护单位。玉蟾岩遗址被誉为"天下谷源，人间陶本"，成为世界稻作文化起源的"圣地"。

（二）澧县彭头山与八十垱的发现

彭头山遗址位于湖南省澧县澧阳平原中部，是长江流域发现的最早的新石器时代文化，距今约8200～7800年。1988年，湖南省文物考古研究所对澧县彭头山遗址进行了发掘，发现了距今约8000年的文化遗存及稻作实物，"彭头山文化"由此确立。1993-1997年，湖南省文物考古研究所对八十垱遗址进行了连续的钻探和考古发掘，不仅极大地丰富了彭头山文化的内涵，还发现了距今8000年左右的壕沟和围墙以及近万粒稻谷，为长江中下游地区是我国栽培稻较早的发源地这一考古研究提供了强有力的证据，也将中国稻作文化的起源时间向前推进了1000年左右。

道县玉蟾岩和澧县彭头山两处重大的考古发现，证明了长江中游地区也是人类稻作文化的重要发源地，奠定了湖南作为稻作文化发源地的重要历史地位。

（三）安江农校和杂交水稻

中国杂交水稻发源地是原湖南省安江农校（现怀化职业技术学院安江校区），其坐落于雪峰山下、沅水之滨，有神秘的"物种变异的天堂"之称的洪江市安江盆地。1964年，安江农校遗传学青年教师、后来的"杂交水稻之父"袁隆平开始在安江这块神奇的土地上着手对水稻杂种优势利用的研究，揭开了安江农校杂交水稻研究的序幕。1967年，湖南省科委正式把杂交水稻研究列入全省重点科研项目，袁隆平、李必湖、尹华奇组成了中国第一个杂交水稻研究小组。1970年，袁隆平老师的学生和助手李必湖在海南首先发现"野败"材料，为杂交水稻研究找到了突破口。之后，在袁隆平老师的具体组织和指导下，于1973年实现了杂交水稻"三系"配套，1976年开始在全国大面积推广。杂交水稻在湖南省安江农校研究成功并在全国推广应用，成果举世瞩目，袁隆平院士当之无愧地被誉为"杂交水稻之父"。杂交水稻从安江农校发源并走向世界！

袁隆平院士所发明的杂交水稻，被西方专家称为"东方魔稻"，在相同条件下比常规水稻增产20%以上，每年因种植杂交水稻而增产的稻谷可以多养活数以千万计的人口，为确保国家粮食安全提供了重要保障。如今，杂交水稻已经推广到全世界。

【知识拓展】

炎帝神农氏与湖南的渊源

相传神农氏为五氏出现以来的最后一位神祇，本为姜水流域姜姓部落首领，后发明农具以木制耒耜，教民稼穑饲养、制陶纺织及使用火，因功绩显赫，以火德称氏，故为炎帝，尊号神农，并被后世尊为中国农业之神。

三湘四水，曾是远古中华民族始祖之一——炎帝神农氏的领地。炎帝神农氏在此始种五谷，以为民食；制作耒耜，以利耕耘；遍尝百草，以医民恙；织麻为布，以御民寒；陶冶器物，以储民用；削桐为琴，以怡民情；首辟市场，以利民生；剡木为矢，以安民居。完成了从游牧到定居、从渔猎到田耕的历史转变，实现了从蒙昧到文明的过渡，从旧石器时代向新石器时代的跨越。

任务二 稻谷的分类

【任务导读】

稻谷是制作湘式米粉的必备原料。在长达近万年的栽培和种植历史中，稻谷的品种繁多，不同品种的性状、质量也有很大差异，适合制作的米粉产品也不一样。本任务将梳理国内稻谷的主要品种，并在此基础上进一步探究适合于米粉生产的稻谷品种。

【任务目标】

1. 了解国内稻谷的主要分类。

2. 了解适合制作湘式米粉的稻谷品种。

一、中国稻谷的分类

根据中华人民共和国国家标准《稻谷》（GB 1350—2009），稻谷分为早籼稻谷、晚籼稻谷、粳稻谷、籼糯稻谷、粳糯稻谷五类。

（一）早籼稻谷

早籼稻谷即湖南人俗称的"早稻"，因是上市最早的一季稻谷，也是因当年种植、当年收获的第一季粮食作物而得名。早籼稻谷可以分为普通早籼稻谷（常规）和优质早籼稻谷。普通早籼稻谷一般用于储备，而加工企业则以加工优质早籼稻谷为主。优质早籼稻谷作为配米的比例也较大。普通早籼稻谷和优质早籼稻谷主要根据粒型和腹白区分。早籼稻谷是生长期较短、收获期较早的籼稻谷，一般米粒腹白较大，角质部分较少。早籼稻谷的品质较中晚籼稻谷差。早籼米米质疏松，耐压性差，加工时易产生碎米，出米率较低，食味品质也较差。而中晚籼米质坚实，耐压性好，加工时碎米较少，出米率较高。但是，早籼稻谷也具有许多中晚籼稻谷无法替代的品质优点。

（1）早籼稻谷生长期雨水充沛、光热充足、病虫害少、灾害性天气较少，比较容易获得稳产高产，加上各地积极发展优良品种、推广新技术，良种面积有所扩大，早籼稻谷单产稳步提高。

（2）早籼稻谷含水量低、耐贮藏。

（3）早籼稻谷用途广，既可食用，也可饲用，还可以作为酿造、食品等的工业原料。

（4）早籼稻谷营养品质好。早籼稻谷的蛋白质含量和质量都要明显优于中晚籼稻谷。

（5）早籼稻谷卫生品质较高。由于早籼稻谷化肥、农药的施用量相对较少，早籼米的卫生品质也相对较高。

（6）早籼稻谷品种质量一致性好，易标准化。早籼稻谷优质品种较少，品种之间差异相对较小，更容易标准化。

（7）无论是什么品类的米粉，制作一般采用早籼稻谷，尤其是华南省份的米粉，基本都是采用早籼稻谷制作的。

应该明白一点，早籼米不是优质食用米，没有黏性，人们一般不爱吃它，市场也买不到，它一般用来作为储备粮，制作米粉和小吃，酿酒和做成饲料。

（二）晚籼稻谷

晚籼稻谷是生长期较长，收获期较晚的籼稻谷，一般米粒腹白较小或无腹白，角质部分较多，加工时容易出碎米，出米率较低，米质胀性较大而黏性较弱。但是晚籼米也有优质品种，如著名的中国国家地理标志产品马坝油粘米就是晚籼米，无腹白，晶莹剔透、半透明，富有油质感。

（三）粳稻谷

粳稻谷是粳型非糯性稻的果实，糙米一般呈椭圆形，米质黏性较大胀性较小，腹白小或没有，硬质粒多，加工时不易产生碎米，出米率高。粳稻是水稻的一个品种。粳稻谷日照时间短，但生长期长，比较耐寒，米质黏性强，米粒短圆，蛋白质含量较高，口味好。粳稻谷碾出的米称为"粳米"，也有的地方把"粳米"称为"大米"，其实粳米只是大米（稻米）的一个品种。粳稻谷主产于我国黄河流域、华北和东北，在南方则分布于海拔1800米以上，较耐冷寒，是在中纬度和较高海拔地区发展形成的亚种。

（四）籼糯稻谷和粳糯稻谷

籼糯稻谷和粳糯稻谷分别是籼型糯性稻和粳型糯性稻的果实，糙米一般

呈长椭圆形或细长形，米粒呈乳白色，不透明，也有呈半透明状（俗称阴糯），黏性大。

糯米是糯稻谷脱壳后的米，在中国南方称为糯米，而北方则多称为江米。糯米形细，是家常食用的粮食之一。因其口感香糯黏滑，常被用来制成风味小吃，如年糕、元宵、粽子等。糯米米质呈蜡白色，不透明或半透明状，吸水性和膨胀性小，黏性大，口感滑腻，较难消化吸收。长糯米即是籼糯米，米粒细长，颜色呈粉白色、不透明状，黏性强。另有一种圆糯米，属粳糯米，形状圆短，白色不透明，口感甜腻，黏度稍逊于籼糯米，适合制作粽子、酒酿、汤圆等。籼糯米生长在南方，因为气候温暖，每年可以收获两季或三季。粳糯米生长在北方，因为气候较冷，所以只能收单季稻。

糯米含有蛋白质、脂肪、糖类、钙、磷、铁、维生素B1、维生素B2、烟酸及淀粉等，营养丰富，为温补强壮食品，具有补中益气、健脾养胃、止虚汗之功效，对食欲不佳、腹胀腹泻有一定缓解作用，适用于脾胃虚寒所致的反胃、食欲减少、泄泻和气虚引起的汗虚、气短无力、妊娠腹坠胀等症。

二、湘式米粉原料选用特色

湘式米粉所用的主要原料是早籼米。

研究发现，采用不同品种大米制作米粉时，大米中直链淀粉和支链淀粉含量的高低及其比例直接影响米粉的质量。直链淀粉含量高的大米，制成的米粉成品不黏条，易塑型；而支链淀粉含量高的大米，则难以用蒸制工艺制作米粉。

但是适当添加支链淀粉能使米粉变得柔软。从米中的直链淀粉含量来看，籼米＞粳米＞糯米。

任务三　米粉的种类和形态

【任务导读】

米粉是大米经过复杂工序制作成的线状米制品。在我国，米粉的种类众多，称谓也有较大区别，本任务主要是梳理国内几个重要的米粉流派。

【任务目标】

1. 了解线状米粉的种类。

2. 掌握国内主要米粉的种类、特点和代表品种。

一、米粉的种类

米粉由于没有一个通用的命名规则，因此名称一直很混乱，不同地区的人对米粉的理解各不相同：有些地区的人认为米粉是以稻谷为原料加工而成的粉状物；有些地区的人认为米粉是经过磨粉、蒸煮、成型、冷却等工艺制成的长条状产品，又称米线、河粉等。从字面意义上说，米粉是以稻谷为原料，经研磨或舂等方法制成的粉状物。从这个意义上说，广义的粉状米粉包括一些以谷物和杂粮等原料经过熟制、研磨加工而成的粉状物，如粘米粉、糯米粉等，还包括大米经磨粉、蒸煮、成型、冷却加工成条的产品，且因地域差异形成了各具特色的风味米粉。

二、米粉的形态

米粉的别称有米线、河粉等，凡是用稻米制成的丝状、条状、带状食物，无论是干的还是湿的，都算米粉。

米粉通常有两种形态：一种是扁粉或宽粉，其切面为长方形，是米浆蒸制成片再切条而制成的，如长沙米粉、广东河粉等；另一种是圆粉，其切面为圆形，是湿团直接或发酵后压制成条而制成的，如云南米线、江西米粉、常德米粉等。

圆粉便于晒干，食用前浸水煮沸，形状和风味大致不变，适合长期保存。

而扁粉基本只能食用新鲜制品，常温下保质期一般为一天。

还有一种特殊的米粉形态是成片卷成筒状，如广东的猪肠粉。

任务四　湘式米粉的概念和分类

【任务导读】

本任务着重介绍湘式米粉的概念及分类，同时通过梳理湖南全省各地米粉的特点，对湘式米粉进行流派划分和梳理。

【任务目标】

1. 了解湘式米粉的概念。

2. 掌握湘式米粉的分类及特点。

一、湘式米粉的概念

湘式米粉是利用湖南本土的米粉为主料，采用湘菜的烹饪技法制作各类粉码，调制出的具有鲜明湖南地域风味特点的各类米粉的统称，属湘菜系。其由主料、配料、汤料和粉码（码子）四部分组成，具有原汁原味或酸辣鲜香兼备的味型特点。

二、湘式米粉的分类

湘式米粉是湖南地区米粉的统称，湖南14个地州市的居民均喜食米粉，在长期的生产实践中，创造了灿烂的米粉文化。每一地区米粉的形态、口味、烹饪方式、食用方法均有较大差异。纵观湖南各地米粉，其主要可按以下几种方式分类。

（一）按照米粉的形状划分

湖南米粉形态各异，但是总体而言可分为圆粉和扁粉，圆粉又分为粗圆粉和细圆粉，粗圆粉主要分布于常德、邵阳等地；细圆粉主要分布于株洲、衡阳、郴州等地，如株洲攸县米粉。

（二）按照米粉的构成要素划分

湘式米粉一般包括四大元素，即主料（即圆粉）、配料（也称底碗）、汤料（即汤汁、底汤）、码子（又称盖头、浇头、臊子）。四大要素成为湘式米粉的标准配置，其中对湘式米粉风味产生重要影响的是底汤。也可以按照底汤的不同给湘式米粉分类。

1. 原汤粉

原汤粉的底汤选用新鲜筒子骨、精瘦肉丝等原汤熬制，汤鲜味美，主要分布于长株潭地区，如长沙原汤肉丝粉、株洲攸县烧汤粉、衡阳筒子骨粉等。

2. 重油汤粉

重油汤粉的汤色中加入了红油，汤色油亮，口味咸香爽辣，主要分布于张家界、常德、怀化、邵阳、娄底等地，如新化向东街米粉。

3. 无汤米粉

无汤米粉包括干拌粉和炒粉，主要特点是无汤或少汤，讲究发挥配料和码子的提鲜增味作用，如湘潭、长沙地区的猪油拌粉，醴陵炒粉，以及怀化洪江的干挑粉。

（三）按照米粉的地域流派划分

湖南米粉历经 2000 多年的发展历程，从汉代的"臛浇豚皮饼"（肉汤扁粉），到清末的圆粉，再到今天各地市米粉的"百家争鸣"。

通观全省，能积聚于长沙，并生存发展良好的米粉流派大致可分为以下几个阵营。

长株潭阵营：长沙米粉、湘潭米粉、攸县米粉、醴陵米粉、浏阳米粉；

常德阵营：常德米粉及津市米粉；

衡阳阵营：衡阳鱼粉、筒子骨粉、碎肉粉、卤粉；

郴州阵营：郴州鱼粉、宜章猪脚粉、郴州杀猪粉；

娄底阵营：新化牛肉粉、青树坪米粉；

怀化阵营：洪江鸭子粉、沅陵猪脚粉；

邵阳阵营：邵阳牛肉粉；

永州阵营：永州鱼粉、永州砍肉粉、永州卤粉。

练习题

一、选择题

1. 湖南稻作文化的标志性考古成果玉蟾岩位于（　　）。

A. 湖南株洲 　　　　　　　　B. 湖南长沙

C. 湖南永州 　　　　　　　　D. 江西南昌

2. 被称为"天下谷源，人间陶本"的世界稻作文化起源"圣地"的是（　　　）。

A. 澧县彭头山 　　　　　　　B. 万年仙人洞

C. 道县玉蟾岩 　　　　　　　D. 湖南水口山

3. 根据中华人民共和国国家标准《稻谷》（GB 1350—2009），稻谷可分为（　　　）类。

A. 4 　　　　B. 5 　　　　C. 6 　　　　D. 7

4. 制作湘式米粉的粉料最好选用（　　　）。

A. 籼米 　　　B. 粳米 　　　C. 籼糯米 　　　D. 粳糯米

5. 籼米、粳米和糯米的直链淀粉含量排序为（　　　）。

A. 籼米 > 糯米 > 粳米 　　　B. 籼米 > 粳米 > 糯米

C. 粳米 > 籼米 > 糯米 　　　D. 都不对

6. 湘式米粉中的扁粉保质期一般为（　　　）。

A. 7 天 　　　B. 15 天 　　　C. 3 天 　　　D. 1 天

7. 沙河粉的流行地区为（　　　）。

A. 两广地区 　　　　　　　　B. 湖南地区

C. 江浙地区 　　　　　　　　D. 云贵地区

8. 湘式米粉的构成要素不包括（　　　）。

A. 底汤 　　　B. 码料 　　　C. 馅料 　　　D. 配料

9. 杂交水稻被称为"东方魔稻"，相同条件下，其单产比一般水稻高约（　　　）。

A. 10% 　　　B. 20% 　　　C. 30% 　　　D. 40%

二、判断题

1. 澧县彭头山遗址被称为"天下谷源，人间陶本"。（　　　）

2. 中国杂交水稻发源地是原湖南省安江农校（现怀化职业技术学院安江校区），其坐落于雪峰山下、资水之滨，有神秘的"物种变异的天堂"之称的洪江市安江盆地。（   ）

3. 晚籼稻是生长期较短、收获期较早的籼稻，一般米粒腹白较大，角质部分较少。（   ）

4. 早籼米质疏松，耐压性差，加工时易产生碎米，出米率较低，食味品质也较差。（   ）

5. 粳稻谷是粳型非糯性稻的果实，米粒一般呈椭圆形，米质黏性较大胀性较小。腹白小或没有，硬质部分多，加工时不易产生碎米，出米率高。（   ）

6. 糯米含有蛋白质、脂肪、糖类、钙、磷、铁、维生素 B1、维生素 B2、烟酸及淀粉等，营养丰富，为温补强壮食品，具有补中益气、健脾养胃、止虚汗之功效，对食欲不佳、腹胀腹泻有一定缓解作用。（   ）

7. 米粉也被称为米线、河粉、粿条等，凡是用稻米制成的丝状、条状、带状食物，无论是干的还是湿的，都可算作米粉。（   ）

8. 湘式米粉一般包括四大元素，即主料（即圆粉）、配料（也称底碗）、汤料（即汤汁、底汤）、码子（又称盖头、浇头、臊子）。（   ）

9. 粗圆粉主要分布于常德、邵阳等地，细圆粉主要分布在株洲、衡阳、郴州等地。（   ）

10. 湘式米粉是利用湖南本土的米粉为主料，采用湘菜的烹饪技法制作各类粉码，调制出的具有鲜明湖南地域风味特点的各类米粉的统称，属湘菜系。其由主料、码料、汤料和配料四部分组成，具有色浓、油重、酸辣鲜香兼备的味型特点。（   ）

三、简答题

1. 道县玉蟾岩和澧县彭头山考古发现的意义是什么？

2. 我国稻谷的主要分类有哪些？

3. 历史上关于米粉起源的传说主要有哪些？

4. 我国较为著名的线状米粉有哪些？

5. 湘式米粉的分类有哪些？

项目二 湘东地区特色米粉

【项目导读】

湘东地区是指湖南省湘江流域东部靠近江西省的一部分区域，具体包括长沙和株洲。湘东地区长期以来作为湖南省的政治、经济、文化中心，具有独特的区位优势，造就了该地区冠绝湖湘的特色美食文化。米粉文化就是其中一种。

20世纪70年代，长沙阿弥岭汉墓出土了距今2000多年的米粉作坊文物，印证了这一地区作为湖南省米粉发源地的历史地位。湘东地区米粉的风味特色主要有以下两个。

一是米粉的形态和选料有特色。长沙米粉的基本形态有两种：扁粉和圆粉。从市场覆盖范围和食客的欢迎程度来看，扁粉居于主导地位。圆粉的选料很讲究，一般选用陈年的早籼米进行制作，确保米粉的韧性好、不易断，经过浸泡、磨浆、蒸煮、起皮、切条等工序制作而成。株洲所辖的醴陵、攸县地区的米粉受江西米粉的影响较大，其使用的主要米粉品种与江西省类似。

二是粉码有特色。各式各样的粉码造就了湘东米粉的独特魅力。使用湘菜烹调技法制作的各式粉码是湘东地区米粉的主要特色。按照烹调工艺来分，湘东地区的粉码可以分为煨码、蒸码、炒码、烧汤码四种，其中，较为受大众欢迎的是煨码。

任务一　长沙米粉

【任务导读】

长沙米粉以切粉为主，与津市米粉在口味上有着很大的区别，其最大的特点就是清醇。正宗的长沙米粉的汤以大骨熬成，原汁原味，甘香可口。长沙米粉的盖码也是五花八门，米粉端上来后各人可视自己的口味加上一点儿剁辣椒、萝卜条、酸菜、榨菜等佐料。长沙米粉经过多年的发展，可以说百花齐放，连锁形式的老字号就有甘长顺、杨裕兴等数家，更不要说街头巷尾的各类粉店了，如玉林粉店、肆姐粉店等。

【任务目标】

1. 了解长沙米粉的特点。

2. 掌握有代表性的长沙米粉的制作工艺。

一、长沙原汤肉丝粉

【导学】

原汤肉丝粉是长沙煨码粉的代表，在长沙的街头巷尾，有很多粉店专门做原汤肉丝粉。用筒子骨熬制的清汤配上小火慢煨数小时的肉丝，加入少许配料，原汁原味，鲜香无比。煨是湘菜的重要烹调技法，在小火慢煨的过程中，肉的鲜香与水完美融合，形成肉香汤浓的整体风味，这种味道正是老长沙食客记忆深处最深情的回味。

【原料配备】

主料：长沙扁米粉150g，猪前腿肉50g。

配料：猪筒骨500g，鸡架一副。

调料：猪油5g，盐5g，酱油5g，味精2g，葱花5g，白胡椒粉2g，生姜10g。

【工艺流程】

1.粉码制作：将鲜猪前腿肉切成约1cm长短的细丝，加入适量水用大火烧开，撇去浮沫，加入姜片等调料转小火煨2小时，待肉丝软烂熟透后加入盐调味即可。

2.底汤制作：用猪筒骨、鸡架、姜片加3倍清水，烧开撇净浮沫，转小火煨2-3小时，再加盐调味。

3.煮粉及配碗：将扁米粉挑至沸水锅中，在开水中烫制至少60秒，中途可搅动数下；待粉熟后用长筷捞起，盛入笊篱，再摆入配碗中，舀一勺汤汁浓郁的肉丝粉码即成。

说明：配碗为在干净的碗中加入适量的猪油、盐、味精、酱油和葱花，浇入底汤冲开以备装盛米粉。

【成品特点】

汤鲜味美、肉香浓郁、色泽润亮。

【技术关键】

肉丝的煨制是原汤肉丝粉制作的关键，猪肉选用以新鲜猪前腿肉为最佳，煨制的时间和火候要根据肉丝的酥烂度和口感进行判断。

【知识拓展】

煨是将经过炸、煎、煸炒或水煮的原料放入锅中，加葱、姜、料酒等调味品和多量汤水，用旺火烧沸，再用小火或微火长时间加热至酥烂程度的烹调方法。煨法是加热时间最长的烹调方法之一，适用于质地粗老的动物性原料，所制菜品属火功菜。

煨的概念古今不同。古代曰煨为盆中火，如煨芋是指将芋头埋在火盆的热灰烬中加热成熟。由于灰中余热一般低于火焰，故此法煨出的食物外皮焦干、内部软熟，保持原味。但后来的煨有了新的含义，就是将食物放在器皿中加水再靠置于火烬或微火上，通过器壁向内传热，缓慢地将食物煨熟。煨制菜肴多用陶岳瓦钵之类，北方用罐，南方用焖钵。烹制猪蹄爪、莲子等耐火功的菜肴，多用煨制法。煨制菜肴的工序繁杂、时间较长，而且选料精细、火种特殊、煨器考究，在各大菜系中以福建省、江苏省、上海市的煨菜较有特色。

二、长沙辣椒炒肉粉

【导学】

辣椒炒肉是一道享誉湖湘的大众化菜肴，辣椒的爽辣和猪肉的肉香交相辉映，相得益彰。在湖南人的餐桌上，辣椒炒肉是代表湖湘味道的家常菜之一。在米粉江湖中，辣椒炒肉粉也占有一席之地。

【原料配备】

主料：长沙米粉 150g，猪前腿瘦肉 50g，猪肥肉 20g。

配料：螺丝青椒 50g，猪筒骨 500g。

调料：葱花 5g，色拉油 50g，盐 2g，味精 3g，酱油 5g，蒜 20g，生姜 10g，豆豉 5g。

【工艺流程】

1. 粉码制作：将猪肥肉、猪前腿瘦肉洗净，螺丝青椒去蒂洗净待用。将肥肉、瘦肉切成 0.2cm 厚的片，瘦肉用味精、酱油腌制入味；螺丝青椒切马蹄片，蒜去皮切片。净锅置旺火上，倒入色拉油滑锅，下肥肉片煸炒至灯盏窝状，下蒜片、青椒、豆豉、盐翻炒。至青椒变色时下瘦肉片合炒，加酱油、味精炒至瘦肉断生，加少量高汤翻匀。

2. 底汤制作：筒子骨洗净，焯水至断生，去浮沫，加3倍清水及适量姜片，中火熬煮3小时成鲜美大骨汤备用。

3. 煮粉及配碗：在干净的碗中，加入适量的盐、味精、酱油和葱花，以备装盛米粉。新鲜米粉入滚水中烫熟。碗中加适量底汤，装入米粉，盖上辣椒炒肉粉码即可。

【成品特点】

辣椒碧绿、肉质软嫩、咸鲜香辣、汤鲜味美。

【技术关键】

1. 猪瘦肉、肥肉切片，厚薄一致。

2. 肥肉应先煸炒至灯盏窝状，煸出油脂，确保肥肉肥而不腻。

3. 辣椒炒至断生，不可起皱。

任务二　株洲米粉

【任务导读】

株洲米粉的用料和口味与长沙米粉相似，只是使用的米粉种类有所不同。在长沙，圆粉和扁粉称霸米粉江湖。在株洲，攸县米粉占据半壁江山，同时也有醴陵、茶陵、炎陵等地的自制手工米粉承载湘味乡愁。

【任务目标】

1. 了解株洲米粉的地域特色。

2. 掌握有代表性的株洲米粉的制作工艺。

一、攸县烧汤粉

【导学】

攸县米粉是指湖南省株洲市攸县具有地方特色的米粉，其起源于有着一千多年历史的道教朝拜圣地——攸县莲塘坳镇阳升观。道教提倡素食，元末明初的米斋就是攸县米粉的前身，因而攸县米粉被赋予了浓厚的文化内涵。2014年，"攸县米粉"成为国家注册地理标志，其以早籼米为原料，经选米、浸泡、磨浆、滤水、蒸熟、冲、揉、挤压、轻煮、晾晒等十余道工序制成。攸县米粉属于干制细粉，吃法大体是将其泡发后分炒、煮、蒸、凉拌四大类型。米粉虽是素食，但攸县人并不拘泥于此，他们从这种不起眼的细米粉中寻找灵感，创制出攸县烧汤粉的新吃法。

攸县米粉在下锅之前是硬邦邦的，放入锅中煮约1分钟，将其捞起放入事先准备好的高汤中，再搭配新鲜食材。吃攸县烧汤粉也有讲究，先吃瘦肉、豆腐、猪血，再吃粉，最后喝汤。攸县米粉韧弹爽滑、回味绵长，深受广大老百姓的喜爱。

攸县米粉是攸县人的最爱，米粉生产遍及城乡，产品在省内邻近县（市）小有名气，米粉制作有其历史渊源和文化内涵。

攸县常年气候温和，雨水充沛，日照期长，是天然的产粮大县。攸县米粉溯源自米斋、米豆腐、米面。攸县盛产稻米，一日三餐主食米饭，米斋的出现当与先民种稻食米同时。由于人们常到山上劳作，或远行帮工、劳役，因此常见将米磨成粉，做成粑粑，蒸熟而食，冷后又便于随身携带，攸县人俗称"斋"，用以临时充饥。后来，生发出点心斋、插田斋，以及用斋模制成的礼品斋、敬神斋，还有专门用来禳灾还愿的"百家米天斋"。米豆腐和米面也是攸县城乡流行的米制食品，只是做法与米斋不同。米豆腐是将米磨粉后煮成糊状，倒在容器里冷却后，形成豆腐块状，食时切成小方块放在汤里煮一煮就行。

【原料配备】

主料：攸县米粉150g，猪五花肉100g，老母鸡半只，筒子骨500g。

配料：猪血50g，攸县豆腐50g，鸡蛋1枚。

调料：猪油100g，红尖椒碎20g，葱花5g，生姜10g，盐5g，酱油5g，味精2g。

【工艺流程】

1. 底汤制作：用猪筒骨、鸡架、姜片加3倍清水，烧开撇净浮沫，转小火煨2-3小时，再加盐调味制成底汤。

2. 粉码制作：净锅加适量猪油，打入鸡蛋、加入红尖椒碎翻炒，加入底汤烧开，下入五花肉片大火旺炒至肉片成熟，最后加入攸县豆腐和猪血，烧汤粉码便做好了。

3. 煮粉及配碗：新鲜的攸县米粉下入底汤中煮1分钟捞出装碗，浇上煮好的烧汤粉码，撒上葱花即成。

【成品特点】

韧弹爽滑、营养丰富、回味绵长。

【技术关键】

1. 煮粉的时间要准确把握。

2. 底汤的熬制要注意时间和火候。

3. 猪肉最好选五花肉，在改刀时注意尽量切薄片，易煮且入味。

二、醴陵炒粉

【导学】

醴陵炒粉是用砸粉即干米粉制作的。其以大米的碎米为原料，经过淘洗、浸泡、磨浆、蒸粉、挤丝、复蒸、冷却、干燥等多道工序制成。制作砸粉要先将粳米磨成水浆，再在大铁锅中烧成米糊状，摊在铝质的宽盆中冷却凝结，用刀划成宽宽的条状米粉皮，再用带眼的筛子把米粉皮挤成圆柱状的粉条。因为有捶打、挤压的过程，因此称之为砸粉。

制作醴陵炒粉的传统步骤是先煎一个鸡蛋，煎到鸡蛋两面刚刚凝固就轻轻拨到锅底一侧，马上放入豆芽，豆芽下锅要听得到清脆的爆油声，才为适宜。倘若悄无声息，说明锅中油温太低，豆芽不容易炒熟，时间一长，就要出水，以后的工作几乎无法完成。等豆芽炒到五成熟的时候，将泡好的米粉放到豆芽旁边，依次撒上干辣椒粉、豆油、盐、味精和葱花，翻炒至豆油将整个米粉染成深棕色，再将铁锅在火口上颠簸几下，让米粉和豆芽、鸡蛋混合，粉就炒好了。

更加美妙的是醴陵炒粉并不仅仅拘泥于豆芽，几乎任何蔬菜都可以代替豆芽用来炒粉。根据原料的不同，在火候掌握上稍作调整。包菜可以切成丝，白菜可以切成条，萝卜可以切成丝等，这些原料水分不多，经得旺火，炒法上与豆芽相当。

醴陵炒粉既是醴陵人高超的烹饪技术的代表，也是醴陵人巧手办事、化平淡为神奇的精明特质的体现。醴陵炒粉是街边早餐和夜宵的绝对主角，其独特的味道更是令醴陵游子魂牵梦萦的家乡的味道。

【原料配备】

主料：醴陵砸粉（当地人称之为发粉）100g。

配料：豆芽50g，鸡蛋1枚。

调料：色拉油15g，盐5g，味精2g，酱油5g，蚝油5g，葱花5g。

【工艺流程】

1. 泡粉：将准备好的干米粉放入开水中泡软。

2. 炒粉：净锅置于旺火上滑锅，留底油煎鸡蛋1枚，待鸡蛋煎至两面刚刚凝固后，加入豆芽和米粉旺火爆炒，依次加入调味料炒拌均匀出锅装碗即可。

【成品特点】

米粉色泽金黄、柔韧可口，豆芽晶莹剔透、清爽甘甜，鸡蛋焦黄醇香。

【技术关键】

1. 炒锅中的火候要精准控制，防止出现粘锅和焦煳。

2. 米粉下锅炒制之前要用开水泡软，浸泡时间要掌握好。泡的时间太久，米粉熟透会黏成一坨，没办法炒开；泡的时间太短，米粉像面条一样，在锅中炒几分钟也难以入味。讲究的做法是泡到米粉柔软可以握成团，拿起来又清清爽爽，相互稍有黏连为佳。

湘东米粉评鉴表			
考核内容	考核要点	配分	得分
主料	1. 米粉的熟度符合基本口感要求，柔软而不失韧性。（5分） 2. 原粉新鲜，要带有一定的米香。（5分） 3. 原粉与汤料的协调度，是否出现糊汤现象。（5分）	15	

考核内容	考核要点	配分	得分
配料	1. 原料的新鲜度符合新鲜食材的要求。（5分） 2. 配料与原粉及汤料的组合相得益彰，盖味不抢味。（5分） 3. 配料的分量及种类符合大众化咸香味美的口味需求。（5分）	15	
汤料	1. 汤料色泽油亮，有光泽。（5分） 2. 汤料具有鲜香的愉悦香气。（5分） 3. 汤料咸香适口,突出原粉的主味。（5分）	15	
粉码	1. 粉码色泽符合提振食欲的要求，突出主料。（5分） 2. 粉码咸香适口,处理得当,入味。（5分） 3. 粉码与汤料完美融合,相得益彰。（5分） 4. 粉码原料味、芡汁味符合菜品的基本要求。（5分）	20	

练习题

一、选择题

1.最早的米粉作坊遗址是在以下哪个地区发现的？（　　　　）

A.湖南省株洲　　　B.湖南省长沙　　　C.湖南省湘潭　　　D.江西省南昌

2.长沙米粉的主要形态为（　　　　）。

A.圆粉和扁粉　　　　　　　　B.圆粉和细粉

C.扁粉和杂粮粉　　　　　　　D.圆粉和砸粉

3.制作长沙原汤肉丝粉的猪肉最好选择（　　　　）。

A.前腿肉　　　　B.后腿肉　　　　C.里脊肉　　　　D.肥膘肉

4. 攸县烧汤粉发源于（　　）。

A. 黄丰桥镇　　　　　　　　B. 莲塘坳镇

C. 皇图岭镇　　　　　　　　D. 网岭镇

5. 攸县烧汤粉底汤制作用时大约需要（　　）。

A. 2～3 小时　　　　　　　　B. 4～5 小时

C. 6～8 小时　　　　　　　　D. 10 小时左右

6. 攸县米粉的主要食用方式不包括（　　）。

A. 炒　　　　B. 煮　　　　C. 蒸　　　　D. 煎

7. 醴陵炒粉的主要原料不包括（　　）。

A. 豆芽　　　　B. 鸡蛋　　　　C. 牛肉　　　　D. 砸粉

8. 湖南米粉的构成要素不包括（　　）。

A. 粉料　　　　B. 汤料　　　　C. 粉码　　　　D. 调料

9. 以下不属于长沙老字号粉店的是（　　）。

A. 甘长顺　　　　　　　　B. 杨裕兴

C. 黄春和　　　　　　　　D. 玉林粉店

10. 新鲜攸县米粉在滚水中煮熟的时间大约为（　　）。

A. 30 秒

B. 60 秒

C. 90 秒

D. 120 秒

二、判断题

1. 长沙米粉的主要制作工艺包括煨、蒸、炒三种。（　　）

2. 长沙原汤肉丝粉适合选用里脊肉制作。（　　）

3. 长沙辣椒炒肉粉中，五花肉应先煸炒至灯盏窝状，

煵出油脂，确保五花肉肥而不腻。（　　）

4. 长沙米粉制作过程中习惯使用浏阳豆豉调香。（　　）

5. 攸县米粉起源于有着一千多年历史的佛教朝拜圣地——攸县莲塘坳镇阳升观。（　　）

6. 攸县米粉使用的大米多为晚籼米。（　　）

7. 醴陵炒粉以鲜湿米粉为主料制作。（　　）

8. 攸县烧汤粉喜用当地特色的豆腐为配菜。（　　）

9. 煨是将经过炸、煎、煸炒或水煮的原料放入锅中，加葱、姜、料酒等调味品和少量汤水，用旺火烧沸，再用小火或微火长时间加热至酥烂程度的烹调方法。（　　）

10. 元末明初的米斋就是攸县米粉的前身。（　　）

三、简答题

1. 长沙米粉粉码的主要制作工艺有哪些？

2. 湘东地区具体包括哪些地市？

3. 攸县烧汤粉制作的技术关键点是什么？

4. 攸县烧汤粉常用的配菜有哪些？

5. 醴陵炒粉制作的工艺流程是怎样的？

项目三 湘南地区特色米粉

【项目导读】

湘南地区是指湖南省湘江流域中上游靠近广东省、广西壮族自治区的一部分区域，具体包括衡阳、郴州、永州三地。该地区纬度较低，气候适宜，植物繁茂。作为湖南水稻的主产区，该地区的民众一直以米制品为主食，米粉更是其必不可少的美味。优良的气候条件和多样化的地形地貌，给当地的米粉文化带来丰富的原料支撑，该地域的米粉在省内也颇具特色。

衡阳四周环绕的高山，是其与相邻地区的天然分界线，其地势周围高中间低，湘江、蒸水和耒水汇流于此，在这里种出来的稻米，加上当地独有的制作工艺，让衡阳米粉保留了稻米原始的香味，其口感滑糯爽口。米粉以汤码、凉拌为主，口味清淡。奶白色的筒子骨和鱼肉的汤头，浸透每一根米粉，加一点葱花和红椒段点缀，味道鲜美，造就了衡阳人脑海中深刻的味觉记忆。

在地理上，郴州与衡阳相邻，两地人民都钟爱鱼粉，但这两地鱼粉的味道却大不相同。衡阳鱼粉注重鱼肉本身的香味，鱼汤口味偏清淡；郴州鱼粉取鲜鱼做汤，熬汤的时候加五爪朝天红椒粉、豆膏、茶油、葱花，煮出来的汤红亮浮油，透出一股浓烈的鱼香和辛辣味。特制的豆油辣椒与鱼汤、剁椒搭配在一起的刺激口感，再配上泡酸豆角，不论吃粉还是喝汤，都让人欲罢不能。

永州地处湘南，气候湿润，三面环山，河川溪流纵横交错，花果飘香，物产丰富，堪称鱼米之乡。特殊的地形地貌和丰富的物产，成就了丰富的永州饮食文化。永州米粉种类繁多，有北邻衡阳传来的鱼粉、南邻桂林传来的卤粉、本土的砍肉粉与禾亭水粉等，具有鲜、香、辣多种口味。

任务一　衡阳米粉

【任务导读】

衡阳位于湖南省中南部，地处南岳衡山之南，因山南水北为"阳"，故得此名；又因"北雁南飞，至此歇翅停回"，而雅称"雁城"。衡阳米粉以汤码、凉拌为主，口味清淡，粉条细而软绵。

【任务目标】

1. 了解衡阳米粉的特点。
2. 掌握有代表性的衡阳米粉的制作工艺。

一、衡阳筒子骨粉

【导学】

　　筒子骨粉的汤采用新鲜的筒子骨熬制而成，味道香浓、口味纯正。筒子骨含有丰富的钙和各种营养物质。热气腾腾、洁白细腻的米粉软软的、滑滑的，筒子骨汤中含有丰富的钙质和胶原蛋白、维生素，补钙又营养。吃完骨头上的肉以后，轻敲骨筒，再用吸管吸取骨筒里的骨髓，浓浓的、嫩嫩的、滑滑的骨髓带着一股甜美的鲜味在口中弥漫。

【原料配备】

　　主料：衡阳细圆粉150g，猪筒骨一根（约300g）。

　　配料：鸡蛋1枚。

　　调料：盐5g，酱油5g，味精2g，葱花5g，醋5g，白胡椒粉2g，生姜10g。

【工艺流程】

　　1.粉码制作：筒子骨洗净，焯水，用文火慢炖至少3小时。土鸡蛋煎制成金黄色。

2. 煮粉及配碗：将细圆粉挑至粉篱中，在开水中烫制 30 秒，中途可翻动数下，待粉熟后装入配碗中，舀一勺筒子骨汤汁，盖上煎鸡蛋即可。

说明：配碗为在干净的碗中加入适量的盐、味精、酱油、葱花和白胡椒粉等调料，以备装盛米粉。

【成品特点】

汤鲜味美、骨髓滑软。

【技术关键】

筒子骨的熬制是筒子骨粉制作的关键，选用新鲜的筒子骨，用文火慢炖至少 3 个小时。

【知识拓展】

筒子骨熬制的步骤如下：

1. 把筒子骨用水洗干净，再放入开水中过一道，记住只是过一道水，不要煮太久，否则骨髓就会被煮出来。

2. 捞起过水的筒子骨，用清水冲洗掉血水后，放入砂锅中，放入生姜片；待水煮开后，在锅中滴几滴醋，让骨头里的钙更好地释放出来，盖上盖子继续煮。

3. 待骨头煮熟时，放入黄豆，继续熬 2 小时；待骨头与肉脱离，美味的筒子骨汤就熬成了。

二、衡阳卤粉

【导学】

　　衡阳卤粉脱胎于桂林卤粉，经过多年本土化融合演变而来，吸收了衡阳的地方口味，是当地最受欢迎的品类之一，也是该地域为数不多的做法上属于干拌的米粉。衡阳卤粉多是卤水拌粗圆粉，盖上卤牛肉片。近年来浇头有了一些变化，除了牛肉又加上了锅烧。锅烧其实有点像油渣和烧肉的综合体，不同店家在花生、萝卜干、豆角、拌辣椒、剁辣椒等小菜搭配上略有区别。但总体上衡阳卤粉口感爽滑、卤味浓厚、大酸大辣、油而不腻。

【原料配备】

　　主料：衡阳粗圆粉100g，卤牛肉100g。

　　配料：猪筒子骨一副，老母鸡半只，火腿50g，猪皮50g，油炸花生米、萝卜干、豆角、拌辣椒、剁辣椒适量。

　　调料：胡萝卜50g，西芹50g，大蒜30g，干辣椒5g，香菜10g，青辣椒20g，生姜20g，大葱20g，洋葱20g，八角5g，桂皮5g，香叶5g，花椒5g，小茴香5g，陈皮5g，草果5g，良姜5g，肉豆蔻5g，豆蔻5g，荜拨5g，罗汉果1个，

丁香 5g，香茅 5g，沙姜 5g，砂仁 5g，味精、生抽、盐、冰糖、花雕酒、鱼露、葱油、香油适量。

【工艺流程】

1. 卤水制作：猪筒子骨、老母鸡、火腿、猪皮焯水过凉，放入清水中熬制 2 小时后滤取清汤，胡萝卜、西芹、大蒜、干辣椒、香菜、青辣椒、生姜、大葱、洋葱改刀后用纱布包好，八角、桂皮、香叶、花椒、小茴香、陈皮、草果、良姜、肉豆蔻、豆蔻、筚拨、罗汉果、丁香、香茅、沙姜、砂仁洗净后用纱布包好，将用纱布包好的蔬菜与卤料放入制好的清汤中，小火煮制 40 分钟至汤中有香料味溢出，再放入味精、生抽、盐、冰糖、花雕酒、鱼露、葱油、香油调味即可。

2. 粉码制作：牛肉切片，用文火卤制至少 2 小时。

3. 米粉制作：将粗圆粉挑至粉篱中，在开水中烫制 30 秒，中途可翻动数下，待粉熟后装入配碗中，淋上卤汁，盖上卤牛肉片。食客可自行加入油炸花生米、萝卜干、豆角、拌辣椒、剁辣椒等，卤粉即制作而成。

说明：配碗为在干净的碗中加入适量的盐、味精、酱油、香葱和白胡椒粉等调料，以备装盛米粉。

【成品特点】

香味浓郁、卤味浓厚、大酸大辣、口感爽滑。

【技术关键】

卤水制作是关键，要保证衡阳卤粉的味道，制作卤水的用料和步骤是关键。

【知识拓展】

卤水是中国湘菜中常用的一种调味料，所用材料有花椒、八角、陈皮、桂皮、甘草、草果、沙姜、生姜、葱、生抽、老抽及冰糖等，熬煮数小时即可制成。很多餐馆会将卤水重复使用，因卤水煮得越久越美味。卤水用途广泛，各种肉类、鸡蛋或豆腐均可用卤水煮制。卤水分为南、北卤水，在餐饮界中常以红、白卤水来区分，称之为酱货熟食，卤出来的食物各具风味。

三、衡阳鱼粉

【导学】

衡阳鱼粉起源于渣江鱼粉，21世纪初，衡南县三塘镇的鱼粉异军突起，口碑与声誉盖过了渣江鱼粉。衡阳市区的食客节假日到三塘吃鱼粉成了时尚。善于经营者看到了其中的商机，于是将三塘鱼粉开到衡阳市内。现在衡阳的鱼粉店多是三塘鱼粉。衡阳鱼粉有草鱼粉、黄鸭叫粉、鳙鱼头粉、鲫鱼粉以及鱼杂粉等，样式繁多。鱼粉注重鱼肉的本味，汤白味鲜。底汤是衡阳鱼粉的精华，将猪筒骨敲碎熬制整晚，一锅浓汤即成。现宰的鲜鱼切成块，锅中油烧红，将鲜鱼块入锅稍煎炸，加入湖之酒快速翻炒，加盐、高汤、姜、蒜加盖熬煮，一锅浓白鲜香的鱼码子即成。奶白色的猪筒骨和鱼肉的汤头，浸透每一根米粉，加一点葱花和红椒段点缀，汤浓味美，直接入口，冬天能吃出一身汗来。

【原料配备】

主料：衡阳粗圆粉150g，鱼肉100g，猪筒骨500g。

配料：黄豆100g，青菜20g，葱花5g，小米椒5g，红椒段5g，油炸花生米10g，萝卜干10g，豆角10g。

调料：西渡湖之酒5g，盐5g，蒜10g，姜10g。

【工艺流程】

1. 底汤制作:猪筒骨焯水过凉,敲碎后放入清水中,加入黄豆,小火熬制2-3小时。

2. 粉码制作:鱼现杀后切成块状,锅中油烧红,将鲜鱼块置入锅中稍作煎炸,加入西渡湖之酒,然后快速翻炒,加入盐与浓汤,再放进姜片、蒜茸等,加盖小火熬制。

3. 煮粉及配碗:将粗圆粉挑至粉篱中,在汤中烫制30秒,中途可翻动数下,待粉熟后放入青菜,带汤装入配碗中,撒上葱花。食客可自行加入小米辣、红椒段、油炸花生米、萝卜干、豆角等,味道鲜美的鱼粉即成。

【成品特点】

味道鲜美、汤汁浓稠、爽心养胃、饱腹感强。

【技术关键】

制作衡阳鱼粉的关键是鱼要新鲜,活鱼现杀,汤要浓郁,火候适度,一般将猪的筒骨敲碎后煨熬至少2-3小时,有这骨汤做底,汤头才不会单薄。烹制过程的关键在于鱼的熟化过程。将鱼现杀后切成块状,锅中油烧红,将鲜鱼块置入锅中稍作煎炸,既是为了定型,也是为了让汤能够更白。

【知识拓展】

1. 在衡阳,鱼粉店的鱼粉不止一个品种,此外还有鱼头粉、鱼杂粉等。加工方法别无二致。

2. 衡阳人吃鱼粉少不了辣椒,他们用的是切成段的小米辣,提味的同时也增添了一抹亮色。

3. 吃衡阳鱼粉也有讲究,一般来讲要慢慢品尝,主要分为三步:先吃肉,再吃粉,最后喝汤。吃鱼粉的时候一定不要太急躁,因为鱼的细刺容易夹在米粉中。鱼粉里鱼已经将自身的鲜味与高汤的鲜味有机融合,品吃鱼肉也是一件快事。小心地将鱼刺挑出,将鱼肉吃完。鱼肉肉质细腻,由于事先稍作煎炸,肉质还有一点焦香味,鲜味与焦香味浑然一体,成为一种独特的味蕾享受。吃完鱼以后,米粉已经在汤中浸泡了一段时间,汤的鲜味已经进入米粉,这时的米粉吃起来鲜美滑爽、柔糯细腻。最后喝汤,汤是鱼粉的灵魂所在,颜色乳白如玉,配上翠绿的葱花、少许鲜艳的红椒段,既养眼又美味。

四、渣江碎肉米粉

【导学】

　　渣江米粉是细粉的一类。渣江米粉是衡阳传统美食，闻名三湘四水，历史悠久。渣江镇位于衡阳县北部。据清末人编纂的《衡阳县志》记载："渣江米粉色鲜而味美，食之者众多，为西乡一绝。"关于渣江米粉的由来，有一些传说：三国时期，曹操身边的几员大将因水土不服，吃硬食难以消化，只能喝粥，无奈粥不耐饿。军中厨子想了个法子，将大米研磨成粉，再加工成像面条一样的米粉，这种吃法后来流传到了民间。又说花木兰从军路过渣江宿营，吃的就是这种米粉，并称赞此米粉好吃，重赏了当地厨子，"花木兰水粉"便由此叫开。

【原料配备】

　　主料：渣江米粉150g，猪五花肉100g，猪筒骨500g。

　　配料：黄豆100g，青菜20g，油炸花生米10g，萝卜干10g，豆角10g，油辣椒5g。

　　调料：盐5g，酱油5g，味精2g，葱花5g，白胡椒粉2g，生姜10g，豆瓣酱20g。

【工艺流程】

1.底汤制作：猪筒骨焯水过凉，敲碎后放入3倍清水中，加入黄豆，小火熬制2～3小时。

2.粉码制作：猪五花肉剁碎，放入油锅中翻炒，加入豆瓣酱、生姜、盐、酱油、味精炒出香味。

3.煮粉及配碗：将渣江米粉放入粉篓中，在开水中烫制30秒，中途可翻动数下，待粉熟后放入青菜，装入配碗中，撒上葱花。食客可自行加入油炸花生米、萝卜干、豆角、油辣椒等，味道鲜美的渣江碎肉米粉即成。

【成品特点】

肉香浓郁、色泽鲜亮、味道别致，色、香、味俱佳。

【技术关键】

渣江米粉的制作工艺很关键，选用精米细制而成。首先是选料，选用上等粘米，将米洗净后，放入大水缸中浸泡，浸泡时间为热天二十四小时，冷天一个星期。待米粒吸收水分软化之后，用石磨慢慢地磨成浆液状。以前都是用石磨依靠人力或畜力来推磨，现在大都用电动磨米机来磨。磨好的米浆施加压力除去水分，成为雪白的块状湿粉，再制成米粉团。然后将制好的米粉团放到蒸笼里蒸软后，放入锅内煮。煮好后放入石臼捣成粗坯。冷却了再捣，捣熟后入木榨即可榨成米粉。榨粉是最难的一道工序，需要两人施加相当大的力量和工夫，这样榨出的粉才光滑、匀称、色鲜。最后用豆豉水浸泡一小时，则味道更加鲜美。

【知识拓展】

1.一碗纯正的传统渣江米粉，是可以在米粉中吃出乾坤的。

一观形色。好的米粉洁白细腻，表面有一层浅浅的反光，没有任何杂色。这与米粉的原料选择有关，如果是陈米，米粉的颜色就会偏黄。

二尝滋味。鲜榨粉的特点是鲜，这种鲜味是大米轻微发酵后产生的，有一点米香，有一点微酸，吃到口里，会有唾液分泌的感觉。有些讲究的米粉还会有豆豉香。

三是口感。米粉的口感幼滑细腻，嫩而不散，微弹而稍稍有筋道。而落口即化即散则可能是米粉的成品时间过长了。

四是汤鲜。米粉的味道由一碗好汤来丰富，能让米粉的滋味变得更加丰满圆润。米粉的汤在衡阳自古以来就是骨头汤，不必加入太多的其他原料，充其量加入植物蛋白——黄豆。

五是码子。何谓码子？湖南人管放在米粉里面的配菜叫码子，有盖码和炒码两种。所谓盖码，就是事先做好码子，米粉做熟后直接把码子盖在上面；而炒码，顾名思义，是要吃米粉的时候临时用小锅炒出来的配菜，这样的码子新鲜而且味道好，所以比盖码贵。常吃的码子有肉丝、酸辣、椒脆、酱汁、杂酱等。

2. 历史典故

1874年（清同治十三年）惊蛰时分，衡阳县渣江古镇的清晨，太阳初升，蒸水河上雾气腾腾，水气如蒸。春潮缓缓向东流去，两岸梅花刚刚探出了头，一位清癯儒生乘一叶扁舟，逐波踏岸，悠然探梅。儒生是雪帅彭玉麟，中国近代海军奠基人。他出身寒门，后投笔从戎，创建湘军水师，经大小数百战，以"不要命"的作战风格，让敌人闻风丧胆。此时已辞官回到老家。他辞官不止一次，两年前同治皇帝大婚，请他去北京就任"宫门弹压大臣"。这个奇怪的头衔的意思是，你德高望重，证婚人非你莫属，你不想当官，但当个证婚人总可以吧？婚礼喜酒刚喝完，雪帅就来找慈禧，说想要回湖南。慈禧说，能不能不那么早退休啊，兵部侍郎你还得干下去呀。彭公说，古人云"莼鲈之思"，我想念老家的米粉了。

话说这日，彭公的小船在蒸水河里摇啊摇，那时蒸水的水运发达，渣江有十二个码头，岸上人来人往。小船摇到了码头边，彭玉麟上岸吃米粉，一边吃一边若有所思。在湘军水师里，有不少将士来自北方，水土不服，吃不惯南方的米饭，雪帅为此事发愁很久。他问店家，你能不能把米粉做得像银丝一样细？店家小心问道，中堂大人，怎么搞？雪帅说，江西一带的米粉，米浆发酵过，米团挤出来如细丝一段，晒干可用作军粮。店家说，这个做法我们不会。彭公笑道，不怕，我请督粮道和米粉匠过来，试试看。于是，他们选用纯粹精米，经过不断试验，米粉工艺越来越复杂。做出来的米粉光滑、均匀、色鲜，细如银丝。从此以后，渣江米粉变得又细又长，应该算湖南米粉中最细的，也是制作工艺最复杂的。而后，逐渐风靡整个衡阳，并名扬三湘四水。

任务二　郴州米粉

【任务导读】

郴州米粉的原料有榨粉和切粉两种，切粉又分为干切粉和湿切粉两种。榨粉为圆粉，切粉为扁粉，榨粉和切粉都经过了风干处理，煮制前需进行涨发泡软。郴州米粉整体口感较其他地方的稍硬，郴州人对当地的手工切粉尤为偏爱。近年来，随着工业化生产设备的普及，机制米粉也逐渐被郴州人民所接受。"汤码一锅"是郴州米粉较为显著的特点，郴州的鱼粉、宜章猪脚粉、白露塘杀猪粉、嘉禾水煮肉粉等的做法都是将主料炖煮，原汤和码子直接浇盖于粉上。目前，郴州栖凤渡鱼粉遍布大街小巷，白露塘杀猪粉也声名鹊起，全省多地都有加盟店。

【任务目标】

1. 了解郴州米粉的特点。
2. 掌握有代表性的郴州米粉的制作工艺。

一、栖凤渡鱼粉

【导学】

　　栖凤渡鱼粉的发源地在郴州市苏仙区栖凤渡古镇。传说三国名士庞统起初并不被刘备重用，只得个县令的小职。一次，他投宿栖河古渡小镇，因心事重重，食欲不振，一夜辗转难眠。第二天起床已是晌午时分，顿觉饥肠辘辘，而店家早已卖完了吃食。恰巧一名渔翁打渔归来经过此店，店家便急中生智，买了一条河鲢鱼，杀了熬成鱼汤，加入当地的五爪朝天红椒粉，调入当地特产豆膏、茶油等佐料，用家里过节备用的干切粉做成一碗鱼粉。庞统食后出了一身大汗，胃口大开、酣畅淋漓，顿时觉得精神抖擞，大声赞道："此乡野之味，亦可登大雅之堂！快哉！快哉！"到了耒阳，他励精图治，最终成就一番事业。因庞统号凤雏，为纪念他，后人把庞统夜宿的古渡称为栖凤渡，而把那碗激励其心志的鱼粉称为栖凤渡鱼粉。

【原料配备】

　　主料：郴州切粉150g，鲜鱼100g。

　　配料：朝天椒5g，生姜10g，蒜10g，葱花5g。

调料：盐 5g，味精 2g，当地豆油 5g。

【工艺流程】

1. 粉码制作：将鱼宰杀洗净，剁成 3cm 左右的鱼块，朝天椒熬成油辣椒待用。锅内放高汤，再放入鱼块、熬制好的红油、姜、蒜、调料，炖至鱼熟。

2. 煮粉及配碗：将切粉挑至粉篱中，在开水中烫制约 60 秒，中途可翻动数下，待粉软熟后装入配碗中，舀鱼汤鱼肉浇盖即成。

说明：配碗为在干净的碗中加入适量的当地豆油和葱花，以备装盛米粉。

【成品特点】

汤鲜味美、鱼肉细嫩、色泽红亮。

【技术关键】

鱼肉汤的煨制是栖凤渡鱼粉制作的关键。鱼的选用以新鲜草鱼为最佳，煨制的时间和火候要根据鱼肉的熟度和口感进行判断。"无豆油，不鱼粉"，当地豆油是必不可少的一种调料，成就了栖凤渡鱼粉的独特风味。

【知识拓展】

豆油，郴州本地亦称"豆膏"，性状与黄豆酱、甜面酱的色泽、质感相同，是郴州当地的一种调料，属于市级非物质文化遗产。其工艺流程和原理是将黄豆洗净，蒸煮至熟、置冷、霉制，然后加热熬制而成。其气味独特，味道鲜美，是栖凤渡鱼粉必不可少的调料，现已规模化生产。

二、白露塘杀猪粉

【导学】

杀猪粉历史悠久，源自杀猪菜。杀猪粉因其口味清淡、味道鲜美、营养丰富，十分符合现代人对健康美食的需求，为此受到热捧。郴州杀猪粉又以白露塘最为有名，其位于衡阳市城区东部，距中心城区约15千米，人们专门驱车前往白露塘小镇，就是为了这一碗热气腾腾的杀猪粉。

【原料配备】

主料：郴州切粉150g，猪前夹瘦肉100g，猪肝50g。

配料：猪血50g，鸡蛋1枚，老母鸡半只，猪筒骨一副。

调料：盐5g，味精2g，白胡椒粉2g，葱花5g。

【工艺流程】

1.底汤制作：用猪筒骨、老母鸡、姜片加3倍清水，烧开撇净浮沫，转小火煨2-3小时，再加盐调味制成底汤。

2.码料制作：猪前夹瘦肉、猪肝切片，用盐、味精码味，猪血烫熟切成小块，清汤加盐、味精煮沸后转小火，放入瘦肉、猪肝、猪血煮熟，撒胡

椒粉出锅。

3. 煮粉及配碗：碗底放入葱花，新鲜手工切粉烫熟捞出装碗，浇上煮好的码子，加入水煮荷包蛋即成。

【成品特点】

汤鲜味美、胡椒味浓。

【技术关键】

1. 猪前夹瘦肉、猪肝切片要厚薄一致。

2. 底汤需小火熬制成清汤。

3. 煮制码子时要用小火，以保证其口感细嫩。

4. 胡椒味浓是杀猪粉的重要特点。

三、宜章猪脚粉

【导学】

　　宜章猪脚粉的发源地为梅田。梅田的历史悠久，区位优势独特，界接广东省，临近香港特别行政区、澳门特别行政区；矿产资源丰富，素有"湘南煤乡"之称。宜章猪脚粉是在特定的年代，矿山文化、粤菜文化和本土文化相结合的产物。如今经过几代人的发展创新，已经成为红色宜章的一张重要的美食名片。

【原料配备】

　　主料：郴州米粉150g，猪脚200g，老母鸡1只，猪筒骨1000g。

　　配料：黄豆50克，海带50克。

　　调料：生姜10g，八角5g，桂皮5g，香叶5g，盐5g，味精2g，葱花5g、甜酒水10g。

【工艺流程】

　　1.底汤制作：用猪筒骨、老母鸡、姜片加3倍清水，烧开撇净浮沫，转小火煨2-3小时，再加盐调味制成底汤。

2.粉码制作:猪脚洗净放入底汤煮沸至熟捞出,期间撇去浮沫,留原汤备用。海带打结备用。煮熟的猪脚趁热均匀抹上甜酒水,热油炸至表皮金黄,捞出放入冷水中浸泡后斩成块,再放入原汤内,加入香辛料、黄豆炖至松软,再加上海带、盐、味精调味即可。

3.煮粉及配碗:新鲜米粉下入底汤中煮1分钟捞出装碗,浇上炖制好的猪脚码子,撒上葱花即成。

【成品特点】

猪脚皮脆肉烂、口感醇厚、滋味悠长。

【技术关键】

1.猪脚的炸制要注意火候,确保色泽鲜亮。

2.猪脚的炖制要注意时间和火候,猪脚要略有脆感。

四、嘉禾水煮肉粉

【导学】

嘉禾水煮肉是嘉禾县十大地方名菜之一。嘉禾水煮肉粉是嘉禾水煮肉衍生出的美食，以肉质细嫩、味道鲜美著称。这里的"水煮"不同于川菜的"水煮"，其实是一种汆的烹饪方法。制作方法与白露塘杀猪粉差不多，都是采用现点现做码子的形式，以确保其新鲜美味的特色。

【原料配备】

主料：郴州切粉 150g，猪前夹瘦肉 100g。

配料：新鲜生菜 30 克，老母鸡 1 只，猪筒骨 1000g。

调料：盐 5g，味精 2g，生姜 10g，胡椒粉 2g，葱花 5g。

【工艺流程】

1. 底汤制作：用猪筒骨、老母鸡、姜片加 3 倍清水，烧开撇净浮沫，转小火煨 2-3 小时再加盐调味制成底汤。

2. 码料制作：猪前夹瘦肉切片，清汤加盐、味精、姜末煮沸后转小火，放

入瘦肉煮熟，撒胡椒粉出锅。

3.煮粉及配碗：碗底放入葱花，切粉和新鲜生菜一起烫熟捞出装碗，浇上煮好的码子即成。

【成品特点】

肉质细嫩、味道鲜美。

【技术关键】

1.猪前夹瘦肉切片要厚薄一致。

2.底汤需小火熬制成清汤。

3.煮制码子时肉片变色即出锅，不要煮老了。

任务三 永州米粉

【任务导读】

永州地理位置属温、热带结合部，境内气候温和、雨量充沛，土地肥沃，非常适合水稻生长，物产非常丰富，这为永州米粉的生产提供了充足的物质资源。20世纪90年代，中外考古学家多次对永州道县玉蟾岩进行考古发掘，先后出土9粒人工栽培稻谷壳，将人类稻作农业起源和发展的历史推进到一万二千年前。永州因此被称为稻作文明之源。

永州米粉品种多样，有排米粉、方块米粉、波纹米粉、银丝米粉、湿米粉和干米粉等。米粉的风味也日趋多样化，如今的米粉店不仅保留了传统的汤、凉、炒、卤等做法，还增加了更多的风味品种。一是鲜肉类型，有鲜肉串汤粉、宁远禾亭水粉、三鲜粉、砍肉粉、筒骨粉、辣椒炒肉粉、牛肉粉、牛腩粉；二是鱼粉类型，永州盛产淡水鱼，其鱼之鲜嫩颇有名气，有鱼肉粉、鱼头粉、鱼杂粉；三是卤凉粉类型，卤粉、凉拌粉是传统米粉，其中胖子卤粉、大西门凉拌粉最为出名，城区内多有经营。永州米粉沿袭现做、带汤、用陶瓷碗盛装的传统，米粉质地柔软、口感嫩滑、韧而不碎、香爽之极。

【任务目标】

1. 了解永州米粉的特点。

2. 掌握有代表性的永州米粉的制作工艺。

一、祁阳文明米粉

【导学】

据史料记载，永州米粉发源于祁阳文明铺，因明末清初始创于该县文明铺而得名，当时就有米粉馆挂出"文明米粉"的招牌。文明米粉在原料选用、粉丝制作和粉汤配制方面，均有其独特的技巧和讲究。用来榨粉的原料必须是优质稻米，以新谷新米为佳。制作时，先用温热水把米泡至能用手捏碎为止；浸好的米要求磨细，磨成干湿适度的米浆；滤干后，置于竹箪中，架在锅中悬水加热暖之，使团胚在适当温度下发酵至一定程度，然后揉至软糯，做成拳头大小的团子，浸入沸水锅中略煮，待外呈熟黄内仍生白时，起出用石臼舂至黏糯；然后置入木制榨粉架的粉筒内，用人力榨出细长的粉丝。粉丝制成后，放入沸水锅中煮熟，转泡入冷水中。用新鲜猪筒骨、黄豆熬汤，猛火烧开，文火炖烂，把黏附在猪筒骨上的肉炖化，筒子骨里面的骨髓炖溶，再加佐料和煮熟的米粉，就成了热乎乎、香喷喷的一碗祁阳文明米粉。

【原料配备】

主料：鲜米粉 150g，猪前腿肉 150g。

配料：猪筒骨1000g，猪肥肉500g，黄豆100g，酸豆角50g。

调料：猪油20g，生姜20g，葱花10g，盐4g，味精2g，辣椒油5g。

【工艺流程】

1. 底汤制作：猪筒骨、猪肥肉洗净，焯水至断生捞出，老姜拍裂，锅中加3倍清水放入黄豆、姜块，大火烧开后转文火慢熬2-3小时，成鲜美大骨汤备用。

2. 粉码制作：猪前腿肉剁碎，老姜切末，酸豆角切碎。净锅置火上加适量猪油，倒入大骨汤，放入猪前腿肉末烧开，再放入老姜末、盐、味精调味。

3. 煮粉及配碗：取鲜米粉放入粉篼中浸入开水中烫熟，取出滤干水分，装入配碗中，撒葱花，舀一勺滚烫的肉末粉码，再注入配好的大骨汤。随顾客的喜好可添加酸豆角、辣椒油，一碗地道的祁阳文明米粉就制作好了。

【成品特点】

汤鲜味美、肉香浓郁、口感嫩滑。

【技术关键】

1. 制汤中途尽量不要加水，以保持汤的浓度和鲜味。

2. 粉码的肉末要放入滚烫的浓汤中煮熟。

3. 烫粉的时间要把握好。

【知识拓展】

奶汤是白汤中的一种，因汤浓呈乳白色，故称奶汤。制作奶汤的原料一般为专用料，主要是鸡、猪的骨架及其臀尖肉和水。为了增加奶汤的味道，在制作时可放一些葱段、姜块和料酒。煮肉或骨头汤时用凉水并逐渐加温，煮沸后用文火慢炖。如发现水太少，应加开水，切不可中途加冷水，以免汤的温度突变，使得蛋白质和脂肪迅速凝固变性，影响营养和味道。

二、永州砍肉粉

【导学】

永州砍肉粉是一道传统美食，用新鲜猪肉现砍、现切、现炒做成粉码，再配以浓汁猪筒骨汤，食后让人回味无穷。下好一碗砍肉米粉要做到汤宽、水开、粉码热，筒子骨、老母鸡、黄豆熬汤，原汤盖码，撒点儿坛子剁辣椒、酸豆角粒、海带丝、萝卜丁、姜丝、香菜、芹菜、香葱、大蒜调味更有风味。米粉的清香和粉码的鲜香与汤完美融合。当地民谚有云：傍晚浸米，半夜磨浆，拂晓煮料榨粉，清早熬汤卖粉。这突出了永州砍肉粉的新鲜。

【原料配备】

主料：鲜米粉 150g，猪前腿肉 50g，猪粉肠 50g，猪肝 50g。

配料：青辣椒 50g，猪筒骨 1000g，黄豆 50g。

调料：植物油 50g，盐 3g，味精 1g，蒜瓣 10g，生姜 10g。

【工艺流程】

1. 底汤制作：猪筒骨洗净，焯水至断生捞出，锅中加 3 倍清水，放入猪筒骨、黄豆、生姜，大火烧开，文火慢熬 2~3 小时，制成鲜美大骨汤备用。

2.粉码制作：猪前腿肉、猪肝、猪粉肠用清水洗净，青辣椒去蒂洗净待用。将猪前腿肉、猪肝切成0.2cm厚的片，猪粉肠切1cm长的段；青辣椒切马蹄片，蒜瓣切指甲片。净锅置旺火上，倒入植物油烧热，下蒜片、青辣椒片、猪前腿肉、猪肝、猪粉肠、盐、味精煸炒几下，倒入大骨汤煮开。

3.煮粉及配碗：取鲜米粉放入粉篱中浸入开水中烫熟，取出米粉滤干水分，装入配碗中，浇上煮好的砍肉粉码即成。

【成品特点】

辣椒碧绿、肉质滑嫩、米粉柔软、汤鲜味美。

【技术关键】

1.猪粉肠用盐、醋搓洗后用清水洗涤干净。

2.猪前腿肉、猪肝切片要厚薄一致；猪粉肠切段要长短一致。

3.掌握火候，原料煮至断生。

【知识拓展】

一碗砍肉粉，按材料可分为五部分：一是汤料，分粉汤和卤汁两种；二是佐料，即调味品；三是码料，包括猪、禽、鱼、牛等肉食和海味等；四是辅料，有葱、姜、韭、芫荽、胡椒粉等；五是主料，即米粉。要做出一碗美味的米粉，还要靠食材的选用和烹饪的技艺。

纵观国内外，每种美食都具有民族特色和地域性，如祁阳文明鲜湿米粉、宁远禾亭水粉、常德米粉、江西干米粉、广西桂林米粉、柳州螺蛳粉、南宁老友粉、云南过桥米线、腾冲饵丝、广东濑粉、波纹米线、沙河粉、福建兴化米粉、台湾新竹米粉，以及柬埔寨金边米粉、越南捞檬粉、泰国粿条等。

三、宁远禾亭水粉

【导学】

　　禾亭水粉是宁远人对汤粉独有的称谓。和大多数汤粉一样，它由筒子骨汤、粉码以及葱花、酱油、辣椒等佐料调制而成。但禾亭水粉的制作方法更为讲究，用于制作水粉的原材料是专门定制的细浆粉，细浆粉制成的水粉在沸水锅中烫熟后仍能保持其筋道和弹性，不易碎断。禾亭水粉的美味主要在于汤，普通的汤粉大多以骨头、黄豆、五香配料制作而成，而禾亭水粉的汤以精瘦肉为主料，配以黑豆豉、老姜熬汤。水粉的汤须当天制作，讲究一个鲜字。佐料的调配也是制作水粉至关重要的一步，佐料份量的把握是调味的关键。把做好的粉码、葱花、酱油先放入粉碗里，舀一勺滚烫的汤入碗冲烫，然后加入烫熟的米粉，整个流程有条不紊，在手与勺的配合下，禾亭水粉的味道就此形成。

【原料配备】

　　主料：干米粉100g，猪前腿肉100g。

　　配料：猪筒骨1000g。

　　调料：老姜50g，葱花20g，盐4g，味精2g，黑豆豉50g。

【工艺流程】

　　1. 底汤制作：猪筒骨洗净，放入清水锅内焯水至断生捞出。老姜拍裂，黑豆豉剁碎用纱布包好扎紧口，放入锅中加多 3 倍清水，大火烧开后转文火慢熬 2-3 小时，将汤内的骨渣过滤去除，放入盐调味，制成鲜美大骨汤备用。

　　2. 粉码制作：猪前腿肉剁碎，用清水调匀，放入味精调味，葱切花。

　　3. 煮粉及配碗：干米粉用 70 ～ 80℃的热水烫泡成半成品。舀半勺粉码装入配碗内，再舀一勺滚烫的大骨汤装入配碗内。取米粉放入粉篱中，放入大骨汤锅中稍烫，取出装入配碗中，撒葱花，一碗地道的禾亭水粉就制作好了。亦可添加猪小肠、酿豆腐佐食。

【成品特点】

　　粉丝韧而不碎、肉香浓郁、汤鲜味美。

【技术关键】

　　1. 烫米粉时要注意时间和火候，汤水要保持沸腾。

　　2. 粉码调水要均匀适度。

　　3. 粉码放入配碗中，要倒入滚烫的大骨汤冲烫。

【知识拓展】

　　制汤是指在清水中放入富含蛋白质和脂肪的动植物原料上火熬煮，使蛋白质、脂肪、矿物质、维生素等溶解于水中，而成为鲜汤的过程。

　　汤，是人们所吃的各种食物中富含营养、易于消化的品种之一，不仅味道鲜美可口，而且营养成分多已溶于水中，极易被人体吸收。"无鸡不甜，无骨不白，无鸭不香，无鱼不鲜，无皮不稠"，这句话的意思就是，鸡清炖带甜味，骨头能增加汤的成色，鸭子易出香味，鱼能增加汤的鲜度，皮能增加汤的浓度。

四、永州鱼粉

【导学】

永州是土地肥沃、物产丰富的鱼米之乡，得天独厚的自然环境蕴育了永州丰富的原生态食材，为人们创造美食提供了条件，也滋养了生活在这方水土的人。

在永州，鲜鱼粉是对"鱼米之乡"这个称谓的最佳诠释。大米制成的优质米粉与洁净水源里养出的鲜鱼完美结合，成就了一碗鲜美的鲜鱼粉。

永州鱼粉汤鲜味美，在吃法上大有讲究。鱼粉上桌后，先吃鱼，再食粉，最后喝汤。吃完鱼后，米粉已在鱼汤中浸泡了一段时间，鱼汤鲜味已渗入其中，米粉变得鲜美滑爽、柔糯细腻。最后喝汤，鱼汤是鱼粉的精华所在。

【原料配备】

主料：干米粉100g，鲜草鱼肉150g，鱼骨100g。

配料：猪筒骨500g。

调料：植物油50g，鲜小米椒10g，紫苏叶6g，生姜15g，芹菜6g，精盐4g，胡椒粉2g，味精2g，料酒10g。

【工艺流程】

1. 底汤制作：猪筒骨放入热水中，大火烧开，去浮沫，转文火熬制2-3小时制成底汤。

2. 粉码制作：草鱼肉用斜刀法切成片，鱼骨剁块，鲜小米椒切碎，生姜切指甲片，芹菜切段。净锅置旺火上，倒入植物油烧热，放入鱼骨两面稍煎，然后下姜片、鲜小米椒、盐，加入底汤熬成鱼白汤，再放入鱼片、紫苏叶、芹菜段，微开时撒胡椒粉，放味精备用。

3. 煮粉及配碗：干米粉用70～80℃的热水烫泡成半成品，放入粉篱浸入开水中烫熟，滤干水分装入配碗中，浇上煮好的鱼片粉码即成。

【成品特点】

鱼片鲜嫩滑爽，米粉柔糯细腻。

【技术关键】

1. 鱼肉切片时厚薄要均匀。

2. 热水烫泡米粉的时间要把握准确。

3. 先用鱼骨熬汤，再放鱼片煮断生。

【知识拓展】

煮是一种古老的烹调方法，是将经腌渍的生料放入锅中，加入多量的汤水，先用旺火烧滚，再改用中火加热至熟，调味成菜。这类菜式大都汤汁较宽，汤、料合一，口味清鲜或醇厚，常用原料为禽畜类、鱼、豆制品、蔬菜等。主要是运用刚性火候让原料在旺火或中火加热的沸水中受热，在热能的作用下变性分解，在短时间内变熟。煮法的加热时间一般都不需要太长，特别是改为中火加热入味时，加热时间要尽可能短些；在汤汁转浓入味，原料刚熟时，就可以及时出锅成菜，不能过分烹制，否则会影响菜肴质量，难以取得良好的色泽效果。煮法分为水煮、油水煮、奶油煮、红油煮、汤煮、白煮等。

五、永州卤粉

【导学】

卤水是卤粉的灵魂，卤汁以高汤为原汁，佐以八角、桂皮、陈皮、孜然、草果、香茅草、白豆蔻、花椒、沙姜、花片、罗汉果、当归、黄芪、沉香、党参、茴香、丁香、香叶等30余种天然植物调味料，按不同比例配制，慢火熬制成酱油色，经过调味、发酵、提炼而成卤汁。

卤粉的粉码也十分讲究，将新鲜猪瘦肉洗净切大块，放入卤水中用文火卤制2小时，使卤汁渗入肉中着色呈枣红色时，捞出晾凉后切片。精在工艺，巧在火候，其色如玛瑙，味道鲜美，口感醇香。

【原料配备】

主料：鲜米粉150g，老母鸡半只，猪筒骨500g，牛筒骨500g。

配料：猪瘦肉100g，豆腐干30g，油炸花生米10颗，酸萝卜丁30g。

调料：八角3g、桂皮3g、陈皮2g、孜然5g、草果1个、香茅草2g、白豆蔻3g、花椒3g、沙姜3g、花片3g、罗汉果1个、当归3g、黄芪5g、沉香4g、党参4g、茴香4g、丁香4g、香叶3g、生姜20g、带皮大蒜20g、老抽30g、蚝油20g、盐10g、味精5g、白醋2g、红油7g、葱花3g、蒜泥3g。

【工艺流程】

1. 卤水制作：老母鸡、猪筒骨、牛筒骨洗净焯水至断生捞出，生姜、大蒜洗净放入锅内，加入清水，大火烧开后转文火慢熬12小时，熬制成奶白色浓汤，再加入调料中的香辛料，文火熬制4小时，将卤汁内的渣过滤去除。依次加入老抽、蚝油、盐、味精并搅拌均匀，直至溶解，当卤水快要沸腾时将火关掉。

2. 粉码制作：净锅置于火上，倒入卤水，放入猪瘦肉、豆腐干文火卤制2小时后捞出，切成薄片。

3. 煮粉及配碗：取鲜米粉放入粉篱中浸入热水中烫熟，取出沥干水分倒入配碗内，加入油炸花生米、酸萝卜丁、葱花、蒜泥、豆腐干、卤肉、白醋、红油、卤水即成。

【成品特点】

香味浓郁、色泽酱红、入口咸香。

【技术关键】

1. 所有主料全部要选用新鲜食材，才能达到鲜度。

2. 香辛料的比例要均匀，量多卤药味太重，量少无味。

3. 烫米粉要注意时间和火候。

【知识拓展】

凉拌粉的原料、制法与卤粉基本相同，但凉拌粉香与卤粉香却截然不同。卤粉香浓郁短暂，凉拌粉则更持久清爽，主要区别在于凉拌粉突出一个"凉"字，所用米粉比卤粉的略细，适合夏天食用。卤粉根据市场变化配料也经常调换品种，如卤牛肉、卤猪肝、卤猪脚、卤蛋、卤火腿等。

考核内容	考核要点	配分	得分
主料	1. 米粉的熟度符合基本口感要求，柔软而不失韧性。（5分） 2. 原粉新鲜，要带有一定的米香。（5分） 3. 原粉与汤料的协调度，是否出现糊汤现象。（5分）	15	
配料	1. 原料的新鲜度符合新鲜食材的要求。（5分） 2. 配料与原粉及汤料的组合相得益彰，盖味不抢味。（5分） 3. 配料的分量及种类符合大众化咸香味美的口味需求。（5分）	15	
汤料	1. 汤料色泽油亮，有光泽。（5分） 2. 汤料具有鲜香的愉悦香气。（5分） 3. 汤料咸香适口,突出原粉的主味。（5分）	15	
粉码	1. 粉码色泽符合提振食欲的要求，突出主料。（5分） 2. 粉码咸香适口,处理得当,入味。（5分） 3. 粉码与汤料完美融合,相得益彰。（5分） 4. 粉码原料味、芡汁味符合菜品的基本要求。（5分）	20	

湘南米粉评鉴表

练习题

一、选择题

1. 衡阳因地处以下哪个地区之南而得名？（　　　）

A. 衡山　　　　　B. 泰山　　　　　C. 岳麓山　　　　　D. 华山

2. 下列哪个城市被雅称为"雁城"？（　　　）

A. 益阳　　　　　　　　B. 常德

C. 岳阳　　　　　　　　D. 衡阳

3. 衡阳米粉以汤码、凉拌为主，口味（　　　）。

A. 清淡　　　　　　　　B. 浓郁

C. 酸辣　　　　　　　　D. 麻辣

4. 制作衡阳筒子骨粉的关键是（　　　）。

A. 粉的选择　　　　　　B. 筒子骨的熬制

C. 粉码的制作　　　　　D. 粉的煮制时间

5. 衡阳卤粉选用的米粉多是（　　　）。

A. 粗粉　　　　　　　　B. 扁粉

C. 细粉　　　　　　　　D. 粗圆粉

6. 衡阳鱼粉起源于（　　　）。

A. 湘西鱼粉　　　　　　B. 渣江鱼粉

C. 岳阳鱼粉　　　　　　D. 娄底鱼粉

7. 衡阳鱼粉的用餐顺序为（　　　）。

A. 先吃肉再喝汤最后吃粉

B. 先吃肉再吃粉最后喝汤

C. 先吃粉再喝汤最后吃肉

D. 先喝汤再吃肉最后吃粉

8. 郴州人尤其偏爱本地的（　　　）。

A. 手工面条　　　　　　B. 手工切粉

C. 米粉　　　　　　　　D. 面条

9. 砍肉粉属于以下哪个地区的特色米粉？（　　　）

A. 永州　　　　B. 株洲　　　　C. 长沙　　　　D. 衡阳

10. 决定栖凤渡鱼粉独特风味的是（　　　）。

A. 豆油   B. 茶油

C. 猪油   D. 橄榄油

二、判断题

1. 湘南地区是指湖南省湘江流域中上游靠近广东省、广西壮族自治区的一部分区域，具体包括衡阳、郴州、永州三地。（   ）

2. 衡阳鱼粉注重鱼肉本身的香味，鱼汤口味偏浓郁。（   ）

3. 郴州米粉的原料有榨粉和切粉两种。（   ）

4. "汤码一锅"是永州米粉较为显著的特点。（   ）

5. 栖凤渡鱼粉与历史人物庞统相关。（   ）

6. 宜章猪脚粉的发源地为梅田。（   ）

7. 永州被称为稻作文明之源。（   ）

8. "傍晚浸米，半夜磨浆，拂晓煮料榨粉，清早熬汤卖粉。"这句谚语描述的是永州祁阳文明米粉。（   ）

9. 禾亭水粉是宁远人对汤粉独有的称谓。（   ）

10. 永州鱼粉上桌，先吃鱼，再食粉，最后喝汤。（   ）

三、简答题

1. 湘南地区米粉的整体特色是什么？

2. 简述衡阳鱼粉制作的技术关键点。

3. 祁阳文明米粉常用的配菜有哪些？

4. 宁远禾亭水粉制作的工艺流程是怎样的？

项目四 湘西地区特色米粉

【项目导读】

　　湘西地区是指湖南省西部及西北部地区，主要包括张家界市、怀化市、湘西土家族苗族自治州三地。该地区少数民族众多，米粉风味及文化具有少数民族特点。

　　张家界米粉为圆粉，而且多是半干米粉，也有少量湿米粉。在张家界，人们将米粉这种宜素宜荤的食物特点发挥到了极致。张家界人喜欢吃米粉，更喜欢米粉上各式各样的盖码，美味的腊味可以入码，猪脚可以入码，牛肉、肥肠和三鲜更可以入码。

　　怀化是少数民族聚集地，风俗各异，饮食文化多元化。因此，怀化米粉带有极其浓郁的地方特色，有宽的、细的、圆的、扁的、带汤的、干挑的、牛肉的、鸭肉的、猪脚的、豆腐的……各种米粉异彩纷呈、自成一格。有人说，怀化的粉，好吃在芷江、洪江片区。芷江鸭肉粉配有炒制得恰到好处的鸭肉，肉质细腻不柴；洪江干挑二合一洁白细圆，形如龙须，加上大片牛肉，口味"霸道"；沅陵猪脚粉筋道十足，配上一份入味的猪脚臊子，朴素扎实的一碗，光看着就已让人心满意足；还有怀化鸭子粉，它的盖码有鸭头、鸭块、鸭肠、鸭腿、鸭翅、鸭脖子、鸭掌等，顾客可以各取所需；源于瑶乡的一道特色美食溪血鸭，如今也已成为米粉的臊子，这种粉是辰溪人的最爱。

任务一　张家界米粉

【任务导读】

张家界的旅游资源得天独厚，吸引了国内外众多游客前来观光游玩，张家界的特色美食也给人留下了深刻而美好的印象。其中，张家界米粉是当地早餐中的主食，既美味又能饱腹，让人百吃不厌。甚至有人编了一首打油诗："熙熙攘攘为名利，其实就为一碗粉。"张家界米粉为圆粉，口感爽滑柔润，兼具弹性，再加上腊味、猪肉、肥肠和三鲜等入码，非常美味。在张家界，米粉的盖码既不称"码子"也不称"浇头"，而是称"臊子"。不少游客及张家界人都喜欢吃米粉，更喜欢米粉上各式各样的臊子。

【任务目标】

1. 了解张家界米粉的特点。
2. 掌握有代表性的张家界米粉的制作工艺。

一、张家界酸辣粉

【导学】

在张家界的大街小巷，随处可以见到这样的米粉店：四方的桌子排成一溜，桌子中央摆满了各色开胃小菜，有榨菜、酸菜、酸豆角、酸萝卜等，而店家煮好的米粉重铺厚盖，味道鲜美，再配以开胃菜，令人食指大动。

【原料配备】

主料：红薯粉丝 100g。

配料：花生米 20g，香菜 10g。

调料：葱花 5g，米醋 5g，生抽 3g，香油 6g，辣椒油 10g，盐 2g，花椒油 5g。

【工艺流程】

1. 红薯粉丝泡发：将红薯粉丝放入 60℃ 的温水中泡软，泡好后捞起放入冷水中过凉，最后捞出沥干水分备用。

2. 原料加工：锅内倒入冷油，放入花生米用温油小火炸至酥脆，盛出沥净油备用；香葱洗净切成葱花；香菜洗净切成 2cm 长的小段。

3. 煮粉及配碗：在碗中加入米醋、生抽、香油、辣椒油、盐、花椒油和适量高汤，以备盛米粉；把泡好的红薯粉丝放入漏勺里，放在开水中烫熟捞起沥净水，装入配碗中，再浇上花生米，撒上香菜、葱花即成。

【成品特点】

米粉软而有韧性、柔而有筋道，味麻、辣、鲜、香、酸，汤色红亮，润滑爽口，酸辣开胃。

【技术关键】

1. 泡发红薯粉丝的水温和时间要把握准确。

2. 泡发的红薯粉丝必须在冷水中晾凉。

3. 炸制花生米的油温和火候要控制好。

二、张家界黄三米粉

【导学】

在张家界，米粉不但是一种食品，而且是一种情怀。许多张家界人早上起来不吃粥、不吃面，而是"嗦"一碗米粉当早餐。在众多米粉馆子中，远离城中、蜷于桥头的黄三米粉可谓独一份。粉馆没有名字，也没有招牌，20世纪90年代初诞生在桥头一间不足十平方米的小平房中，因老板姓黄，排行老三，人称"黄三"。年长日久，众多食客口口相传，叫出了"黄三米粉"的名号。

【原料配备】

主料：鲜米粉100g，当地五花猪肉50g。

配料：扣肉200g，生拌蒜片50g，油炸榨菜50g，凉拌海带50g，茶油盐菜50g，尖红椒20g，猪筒骨500g。

调料：色拉油100g，盐2g，酱油10g，蒜20g，生姜10g，香葱10g。

【工艺流程】

1.粉码制作：将五花猪肉洗净，尖红椒去蒂洗净，香葱洗净待用。将五花猪肉焯水后切成丁；香葱切成葱花，尖红椒切片，蒜去皮捣成蒜泥；将净锅置于旺火上，倒入色拉油滑锅，下五花猪肉丁煎至金黄，再沥出多余的油脂；下蒜泥、尖红椒、盐，翻炒后加入适量水烧开，小火煨制2小时备用。

2. 底汤制作：猪筒骨洗净，焯水至断生，去浮沫，加3倍清水及姜片，用中火熬煮3小时，制成鲜美大骨汤备用。

3. 煮粉及配碗：在干净的碗中，加入盐、酱油和葱花，以备盛米粉。新鲜米粉下入滚水中，即刻捞出；加适量底汤入碗中，装入米粉，盖上粉码，配上扣肉、生拌蒜片、油炸榨菜、凉拌海带、茶油盐菜即可。

【成品特点】

米粉细如笔芯、柔滑筋道，配菜浓郁爽脆，扣肉酥香软糯、肥而不腻。

【技术关键】

1. 五花肉需切成肉丁，煎至金黄，再沥出油脂。

2. 在煨制粉码的过程中注意火候的控制。

【知识拓展】

黄三米粉有三绝。

（1）老板绝。黄三卖粉30年，练就了一手煮米粉的绝活，丈余长的米粉能精准地拽出一碗的份量。米粉选用富硒大米，淘洗之后磨浆蒸煮而成，细如笔芯，故而不需久煮，丢入沸水中顷刻便成。

（2）粉码绝。原料选用土猪身上的五花肉，焯水后切成丁，在锅中煎至金黄，再沥出多余的油脂，放入调料，小火慢煨几个小时方成。吃粉时配上四样拌菜：生拌蒜片、油炸榨菜、凉拌海带、茶油盐菜，先浓郁后爽脆。

（3）扣肉绝。老食客吃黄三米粉必会配一碗秘制扣肉，酥香软糯、肥而不腻。小小一碗扣肉着实讲究，猪肉先烧皮，煮10多分钟去除腥气，出锅晾凉后用土蜂蜜和本地米酒反复涂抹，然后上油锅炸，炸完再煮，猪皮即出现漂亮的蜂窝状，碗底铺上经过反复多次坛压、铺晒的梅干菜，上笼蒸煮，热气腾腾，金黄诱人。

三、慈利黄豆瘦肉米粉

【导学】

在张家界慈利县，随处可见粉店、粉馆。热气蒸腾、汤底香浓、臊子地道的一碗米粉，是民生，是日常，是如影随形、记忆深处的味道，也是慈利人一天的开始。慈利黄豆瘦肉米粉具有鲜明的地域特色，以当地猪肉、黄豆为臊子，以红油为汤底，咸香微辣，让人欲罢不能。

【原料配备】

主料：慈利手工半干米粉100g，猪瘦肉50g，黄豆50g。

配料：猪筒骨500g，干辣椒10g，香菜5g。

调料：色拉油100g，盐2g，酱油5g，八角5g，桂皮5g，十三香5g，四川豆瓣酱10g，蒜10g，姜10g，香葱10g，花椒5g。

【工艺流程】

1. 粉码制作：黄豆洗净，提前用凉水泡4小时；慈利手工半干米粉洗净，提前用凉水泡4小时；将猪瘦肉切细丝、姜切末、蒜切碎、香葱切成葱花备用；将净锅置于旺火上，倒入色拉油滑锅，烧至五成热；下肉丝、四川豆瓣酱，翻炒至变色；下泡好洗净沥干水分的黄豆，煸炒出香味后加高汤、八角、桂皮、干辣椒、花椒、姜、蒜、盐，小火煨制1小时即可。

2.底汤制作：猪筒骨洗净，焯水至断生，去浮沫，加3倍清水及适量姜片，用中火熬煮3小时，制成鲜美大骨汤备用。

3.煮粉及配碗：在干净的碗中，加入适量的盐、酱油，以备盛米粉。泡好的米粉下入滚水中煮制3分钟；加适量底汤入碗中，装入米粉，盖上黄豆、粉码，撒上香菜、葱花即可。

【成品特点】

米粉筋道十足，红油底汤，咸香微辣。

【技术关键】

1.黄豆、半干米粉需提前4小时左右泡制。

2.猪瘦肉切丝，要求大小长短一致。

3.调味适当，咸香微辣。

任务二　怀化米粉

【任务导读】

怀化是少数民族聚居地，因此怀化米粉具有少数民族特色，主要特色米粉包括芷江鸭肉粉、沅陵猪脚粉、洪江干挑二合一等。本任务主要通过学习怀化地区有代表性的特色米粉，了解怀化独具特色的米粉制作工艺和米粉饮食文化。

【任务目标】

1. 了解怀化米粉的特点。
2. 掌握有代表性的怀化米粉的制作工艺。

一、芷江鸭肉粉

【导学】

芷江鸭是芷江县的招牌美食，以其色、香、味俱全而驰名中外。芷江鸭肉中的脂肪酸熔点低，易于消化，所含 B 族维生素和维生素 E 较其他肉类多，是国家地理标志保护产品。芷江鸭肉粉用芷江鸭熬制原汤，辅以米粉加工而成。

芷江鸭肉粉中鸭肉粉码的制作工艺与芷江鸭大同小异。选取生长周期 100 天左右的纯种芷江麻鸭为原料，抹蜜、油炸后，以芷江本地野生芷草等多种天然香料，以及姜、蒜、辣椒等佐料入汤，经精细烹制而成一锅皮色鲜艳、肉质细嫩、入口滑爽不腻的鸭肉粉码。芷江鸭肉粉的鸭肉软烂多汁，米粉筋道爽滑，底汤鲜香味浓，口感上鲜美中又带着一丝辣味。

【原料配备】

主料：手工细米粉 100g，新鲜芷江麻鸭 250g。

配料：青椒 50g，红椒 50g，酸萝卜丁 50g。

调料：菜籽油 50g，盐 3g，酱油 3g，香葱 20g，生姜 6g。

【工艺流程】

1.粉码制作：新鲜芷江麻鸭洗净去毛，切成大块备用。青椒、红椒切滚刀块，生姜切片，香葱一半切葱末、一半打葱结；热锅中倒入菜籽油烧热，加入姜片爆香，放入鸭肉煎至表面微焦黄，倒入清水500g，用大火烧开后焖煮15分钟；加入葱结、红椒、青椒、酱油适量翻炒入味；出锅前撒上葱花即可。

2.煮粉及配碗：将当地手工细米粉挑至粉篱中，在开水中烫制30秒左右，中途可翻动数下，待粉熟后装入配碗中，舀一勺汤汁浓郁的鸭肉粉码即成。

说明：配碗为在干净的碗中，加入适量的盐、酱油和葱花，以备盛米粉。

【成品特点】

鲜香味浓，爽滑适口。

【技术关键】

芷江鸭肉粉的技术关键在于鸭肉粉码的制作，煎制鸭肉时要注意火候和鸭肉的上色。当地人一般会在鸭肉上涂抹蜂蜜以增添鸭肉的亮色，还会在烹制鸭肉的过程中加入芷江当地特产的香料增香提味。

【知识拓展】

芷江鸭富含多种人体必需的氨基酸，如赖氨酸、亮氨酸、谷氨酸、精氨酸、丙氨酸、天冬氨酸等。白条鸭肉色红润，皮下脂肪少，肌肉发达，切面有光泽，纹理清晰，富有弹性；熟肉酥嫩，烹饪后肉汤呈乳白色，香味浓郁，不腥不腻。

芷江在元朝就有中秋节必吃芷江鸭的传统民俗，同时有将制好的鸭制品馈赠亲朋好友的习俗。"芷江鸭"原称"仔姜鸭"。20世纪90年代，芷江成立了芷江鸭研究协会。2004年，芷江成立了芷江鸭产业化养殖项目领导小组，并建立了芷江鸭养殖技术服务中心。2015年8月，原国家质量监督检验检疫总局批准对"芷江鸭"实施地理标志产品保护。2020年5月20日，芷江鸭入选2020年第一批全国名特优新农产品名录。

二、沅陵猪脚粉

【导学】

沅陵米粉是湖南沅陵著名的小吃，米粉以大米为原料，经浸泡、蒸煮、压条等工序制成，质地柔韧，富有弹性。尤其是沅陵猪脚粉，精心挑选猪前腿肉，配以多种香料熬制，口感肥而不腻，脆而不硬；汤料经过慢火熬制，既鲜美又富有营养。浓浓的米香，混合着胶原蛋白的爽滑，让人唇齿生香，欲罢不能。沅陵方言将猪脚亲切地称为"猪脚板板"。一碗猪脚粉下肚，似乎生活就变得没有什么困难是不能解决的了。

【原料配备】

主料：沅陵当地米粉 100g，沅陵生态土猪脚 200g。

配料：猪筒骨 500g，香醋 10g。

调料：菜籽油 100g，茴香 5g，桂皮 5g，胡椒 5g，香叶 3g，生姜 15g，八角 5g，糖 20g，盐 3g，酱油 4g，葱花 10g。

【工艺流程】

1. 粉码制作：猪脚洗净切块，氽烫成熟、沥干；炒锅烧热加菜籽油，加入

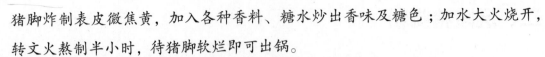

猪脚炸制表皮微焦黄，加入各种香料、糖水炒出香味及糖色；加水大火烧开，转文火熬制半小时，待猪脚软烂即可出锅。

2. 底汤制作：上等猪筒骨洗净，入开水中汆烫断生，去浮沫，加香醋，以文火熬制 2 ~ 3 小时备用。

3. 煮粉及配碗：选用当地陈年粳米制作的米粉，挑至粉篱中，在开水中烫制 30 秒左右，中途可翻动数下；待粉熟后装入配碗中，舀一勺汤汁浓郁的粉码即成。

说明：配碗为在干净的碗中加入适量的盐、酱油和葱花，以备盛米粉。

【成品特点】

米粉晶莹剔透、富有韧性、口感爽滑，猪脚软烂鲜香、肥而不腻。

【技术关键】

沅陵猪脚粉的技术关键有两个：一是鲜猪脚入锅炸制的火候要恰到好处，猪脚富含胶原蛋白，油温过高易使猪脚表皮蛋白老化，影响猪脚入味，故应用中油温炸至猪脚表皮微焦黄即可；二是香料的配比应适口，沅陵当地一些口碑好的特色猪脚粉店，无一例外都是以独特配比的香料使猪脚入味出香而取胜的。

【知识拓展】

猪脚粉具有相当好的食疗作用。

1. 猪脚中的胶原蛋白在烹调过程中可转化成明胶，它能结合水，从而有效改善机体生理功能和皮肤组织细胞的储水功能，延缓皮肤衰老。

2. 猪脚对于经常四肢疲乏、腿部抽筋麻木、消化道出血、失血性休克及缺血性脑病患者有一定的辅助疗效。猪脚还有助青少年生长发育和减缓中老年人骨质疏松的速度。

三、新晃锅巴粉

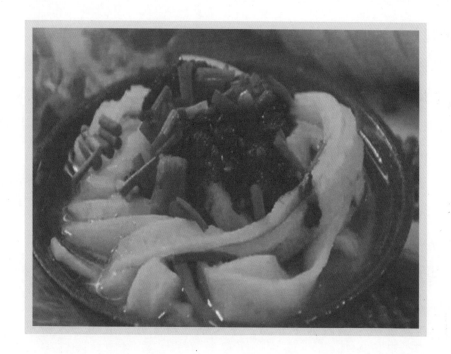

【导学】

锅巴粉是新晃侗族自治县及其周边侗族地区的小吃，它主要由大米制成，像锅巴一样，是烙出来的。有的锅巴粉还会加入野白蒿、山茶油。传说很久以前，侗医将此二物加入锅巴粉，山民们食用此粉后成功地抵御了瘟疫。锅巴粉色泽鲜亮、味道香软，食用方法分凉、热两种。凉食时取刚出锅的鲜粉切成条状，配以蒜酱、葱花等佐料，也可直接卷上炒热的粉码食用。锅巴粉可素食，也可配牛肉、羊肉、三鲜等粉码。由于锅巴粉表面凹凸不平、多孔洞，因此会将汤水和佐料吸入粉内。吸足汤汁的锅巴粉吃起来口感饱满，味道鲜美而不油腻。

锅巴粉是新晃人日常的主食，一般没有时间做饭的家庭都会煮上一碗锅巴粉充饥。锅巴粉多以汤粉为主，只有少数人家会以炒锅巴粉为食。炒锅巴粉的味道与汤锅巴粉的味道区别很大，因为炒锅巴粉主吸油，汤锅巴粉主吸水。

【原料配备】

主料：当季粳米 100 克，新晃黄牛里脊肉 100g。

配料：山茶油 50g，蒿菜 500g，牛骨 500g。

调料：茴香 5g，桂皮 5g，胡椒 3g，香叶 3g，生姜 15g，八角 5g，盐 3g，酱油 4g，香醋 5g，香菜 5g，葱花 5g。

【工艺流程】

1. 锅巴粉制作：粳米洗净，用清水浸泡 12 小时。蒿菜洗净加适量水浸泡；将泡好的粳米与蒿菜搅拌均匀磨成米浆；铁锅置火上烧热，锅内均匀涂上山茶油，舀入适量的米浆，涂抹均匀，盖上锅盖大火焖 1 分钟；揭开锅盖，揭下锅巴粉，对叠切 1cm 宽的粉条即成。

2. 底汤制作：上等牛骨洗净，入开水中汆烫断生，去浮沫；加香醋以文火熬制 2～3 小时备用。

3. 粉码制作：选用肉质细嫩的新晃黄牛里脊肉，切成小块，入清水中汆烫断生，去浮沫；锅内放山茶油烧热，加入牛肉翻炒出香味，加各种香料、酱油、盐等调料炒香，加入适量水焖煮半小时收汁即可出锅。

4. 煮粉及配碗：锅内加牛骨汤，下入锅巴粉煮开，装碗加入粉码，加少许葱花、香菜即可。

【成品特点】

色泽鲜翠、香绵软滑、汤汁浓郁、口感层次分明。

【技术关键】

新晃锅巴粉制作工艺独特，其技术关键在于烙锅巴粉时，米浆的浓度和湿度要适宜，否则粉皮易开裂、破皮、粘锅。

【知识拓展】

与北方人偏爱面食不同，南方人更喜爱米粉。南方的米粉品种浩繁，而锅巴粉则为铜仁和新晃一带的特产。不过，在新晃，锅巴粉受欢迎的程度尤其高。

据说，锅巴粉因制作的成品与用锅做饭时蒸出的锅巴颇为相似，故名"锅巴粉"。每逢过年过节，新晃等地的人家都要杀猪，做糯米粑、米粉、锅巴粉、灰煎粑等。锅巴粉作为年节必备之物，较之其他的食物更受当地人的钟爱。

对于制作锅巴粉的原料，新晃和铜仁有着一些微妙的区别。铜仁地区制作锅巴粉的主料主要有大米、绿豆、青菜、葱、蒜叶、萝卜叶等，而新晃地区制作锅巴粉的主料则主要有大米、野白蒿和山茶油。从用料上来看，新晃锅巴粉似乎更胜一筹，因为野白蒿与山茶油除口味独特外，在食疗养生方面也有很好的功效。野白蒿是野菜的一种，具有一定的药用价值。民间有歌谣："三月茵陈四月蒿，传于后人切记牢。三月茵陈治黄痨，四月青蒿当柴烧。"野白蒿具有利胆、保肝、抗病原微生物、降血脂，以及解热、镇痛、抗炎等功效。因此经常吃新晃锅巴粉有降低血压、清火解暑、健胃生津的保健作用。

新晃锅巴粉的制作方式也较为独特。首先要把大米、野白蒿、山茶油等主料准备齐全，然后将米用水浸泡一夜，待到大米发胀才可用于制作米粉。其次要将野白蒿洗净煮烂，再舂至碎烂备用。接着把泡好的米沥干，把捣碎的野白蒿和米搅拌均匀磨成浆。一切准备妥当以后，架铁锅在火上烧热，然后涂抹上山茶油，用瓢舀入适量的米浆，烙成薄厚一致的饼。一张一张的饼烙好以后，要将其晒干，再将其卷起来切成条状以便储存，至此制作工序就算完成了。在食用时按量煮食即可。锅巴粉口感极佳，香味浓郁，吃法也有好几种：一种是煮着吃，这是大多数人都喜爱的吃法，和平常煮面一样，煮熟后拌上佐料即可；另一种是在吃火锅的时候放入汤里煮着吃；还有一种是清蒸，即用锅蒸熟后直接食用。

四、洪江干挑二合一

【导学】

　　洪江古商城坐落在湘西五溪汇合处，是中国目前唯一一处还保存着380余栋明清古建筑"窨子屋"的旅游圣地。明清时期，因当年流传民间的一句话"一个包袱一把伞，来到洪江当老板。"而吸引了大批有着发财梦的年轻人寄居于此。

　　受商道文化浸润的洪江商人，很早就知道"一加一大于二"的道理，并运用至日常，即便是粉店也不例外：撒一把面，又抓一把粉，水沸之时捞起放入盘中，依次撒下佐料及客人偏爱的臊子，搅拌匀称后，便是一盘美味的餐点。

　　洪江的米粉和面条与别处的皆有不同，平常我们见到的米粉基本上都是细圆的，直径大约在3mm以下，洪江的米粉也是圆的，但直径能达5mm；洪江的面条是扁平的、呈现微黄色的碱面条。

　　一碗好吃的"二合一"如何制作呢？正宗的洪江米粉选用上等黏米，经洗、泡、蒸、煮、揉、榨、晾、切等18道工序精制而成，口感柔绵而有韧性，夹起不断，香爽之极；洪江面条则选用安江的小麦精工细制而成，其中加入了食用碱。盖浇的臊子十分关键。猪大骨焯水后，置冷水中加热熬制四五个小时，作为炒臊子的原汤。各种臊子都是先用菜籽油下锅，加八角、桂皮、草果、香叶炒香,再下猪肉、牛肉或猪脚爆香,再加入熬制好的原汤,以小火慢慢熬制。"二合一"的臊子种类非常多,如排骨、红烧牛肉、红烧肉、猪脚、肥肠、鸭肉等。

【原料配备】

主料:洪江本地粗圆粉 70g,碱面条 70g,牛里脊肉 100g。

配料:酸豆角 10g,脆黄豆 10g。

调料:菜籽油 20g,茴香 5g,桂皮 5g,胡椒 5g,香叶 5g,生姜 15g,八角 5g,盐 2g,酱油 5g,料酒 5g,葱花 10g,干辣椒 5g,豆瓣酱 20g,香菜 10g,辣椒油 5g。

【工艺流程】

1.粉码制作:牛里脊肉切片入锅中焯水,加姜片、料酒去腥味,去浮沫,待断生捞起备用;炒锅烧热,倒入菜籽油,加姜片、牛肉炒香,加各种香料、豆瓣酱炒出红油,加盐、酱油、干辣椒煸炒入味;加水焖煮至牛肉软熟,收汁出锅即可。

2.煮粉及配碗:将备好的米粉和碱面条分别入沸水中烫熟,置于同一碗中;加香菜、葱花、粉码、酸豆角、脆黄豆、辣椒油同米粉拌匀,装碗即可。

【成品特点】

顺滑筋道、香辣可口。

【技术关键】

粉的烫制时间要把握好,时间过长则绵软无筋,时间过短易出现夹生。

任务三　湘西土家族苗族自治州特色米粉

【任务导读】

　　湘西土家族苗族自治州属于亚热带季风湿润性气候，有明显的大陆性气候特征，冬暖夏凉，四季分明，年均降水量1300～1500毫升，年均气温16.5℃，无霜期250～280天；自然环境独特，是全国罕见的气候微生物发酵带、土壤富硒带和植物群落亚麻酸带，被誉为野生动植物资源宝库和生物科研基因库，非常适宜优质蔬菜，特别是富硒蔬菜与农作物的生长。湘西米粉在湘西特色小吃中堪称一绝。湘西米粉采用富硒大米加工而成，其粉十分筋道，营养与口感方面在米粉界独树一帜。南方其他各地米粉大都粉细而汤汁多，湘西米粉却反其道而行之：粉粗而汤汁少，然而味道却鲜美爽滑，咬起来十分有嚼劲。湘西米粉是以各类臊子所熬制的汤汁入味，臊子种类繁多，有木耳肉丝、排骨、牛肉、牛肚、羊肉、红烧肉等，这也是湘西米粉的一大特色。

【任务目标】

1. 了解湘西土家族苗族自治州米粉的地域特色。
2. 掌握有代表性的湘西土家族苗族自治州特色米粉的制作工艺。

一、吉首苗乡牛杂粉

【导学】

苗乡牛杂粉在吉首常作为招牌米粉，其选用黄牛大骨熬制的鲜浓原汤作为汤头，舀一勺汤头放入已经备好猪油、盐、酱油等配料的大碗中备用。稍宽的扁粉放入粉篱中，下沸水氽熟，捞起浸入汤头，浇上特制的牛杂臊子。按个人口味喜好选择加入葱花、姜末、蒜蓉、香菜、油辣椒、胡椒粉、陈醋和木姜子油等佐料，一碗香喷喷的苗乡牛杂粉即成。

【原料配备】

主料：吉首当地米粉 100g，牛杂（牛肝、牛肚、牛筋、牛肾等）100g。

配料：牛骨 500g。

调料：猪油 20g，盐 3g，生抽 5g，老抽 5g，料酒 5g，白糖 10g，葱丝 20g，姜丝 5g，花椒粉 5g，辣椒 10g，白胡椒粉 5g，。

【工艺流程】

1.臊子制作：将牛杂放入清水中煮沸，去血污，捞出后冲洗干净，沥干水分后切片；炒锅中倒入油烧热，下入姜丝和葱丝，爆香后加入牛杂，大火翻炒至出肉香，加入料酒、花椒粉，再加入老抽上色，加入生抽、白糖提鲜，加入盐调味，小火慢煨备用。

2.底汤制作：将牛骨洗净，放入盛有清水的锅中，先大火煮开，撇去浮沫，待没有明显浮沫产生时，加入姜片和葱结，改小火煮2～3小时，煮制过程中多次去除浮沫，加盐、白胡椒粉等调料入味备用。

3.米粉泡发：将米粉放在80℃的水中浸泡约10分钟，泡好后将米粉捞起放入冷水中，过凉后捞出沥干。

4.煮粉及配碗：将泡好的米粉放至粉篱中，在开水中烫制30秒左右，中途可翻动数下，待粉熟后装入配碗中；放入一勺鲜麻浓郁的牛杂码；根据个人喜好选择加入葱花、香菜、油辣椒、胡椒粉、陈醋和木姜子油等佐料即可。

说明：配碗为在干净的碗中加入适量的猪油、盐、酱油，以备盛米粉。

【成品特点】

牛杂鲜麻，汤头鲜美，粉质爽滑。

【技术关键】

1.泡发米粉的水温和时间要把握准确。

2.泡发好的米粉要过冷水后捞出沥干。

3.熬制底汤时要注意去除浮沫和把握火候。

二、湘西酸辣牛肉粉

【导学】

在湘西的大街小巷总能看到或大或小的米粉店，有各式各样的米粉可供选择，其中有一味臊子——酸辣牛肉，其滋味让人回味无穷。湘西酸辣牛肉粉的臊子选用湘西当地散养黄牛肉，肉质鲜嫩多汁，牛肉鲜味浓郁，搭配本地红色酸辣子爆炒，酸辣入味。以黄牛大骨熬制的鲜浓原汤作为汤头，舀一勺汤头放入配碗中，将米粉下沸水汆烫成熟，捞起装入配碗，配一勺酸辣鲜香的酸辣牛肉臊子，再撒上葱花、香菜、胡椒粉、油辣椒、陈醋等佐料后搅拌，酸香扑鼻。在湘西米粉中，小配菜的提味功能不容小觑。作为点睛之笔的小配菜在每家米粉店中都有差别，有爽脆的酸豆角、杂菜、凉拌折耳根、油爆脆干椒、自制小西红柿酱、酸萝卜皮、剁辣椒、酸辣子面等。每位顾客都能根据自己的味配制出一碗独一无二的湘西酸辣牛肉粉。

【原料配备】

主料：吉首当地米粉（或绿豆粉、红薯粉）100g，牛肉100g。

配料：牛骨500g。

调料：猪油 20g，盐 3g，生抽 5g，老抽 5g，酸辣椒段 15g，料酒 5g，葱 30g，生姜 5g，蒜 5g，花椒粉 5g，白胡椒粉 5g，白糖 15g，蚝油 5g。

【工艺流程】

1. 臊子制作：将牛肉切成片，加入生抽、料酒、盐等调料腌制备用；炒锅中倒入油烧热，下入适量姜丝、葱丝、蒜蓉、酸辣椒段，爆香后加入牛肉，大火均匀翻炒至出肉香，加入适量花椒粉，再加入少许老抽上色；加入白糖、蚝油提鲜，加入盐调味；起锅转入砂锅中，小火慢煨备用。

2. 底汤制作：将牛骨洗净，放入盛有 3 倍清水的锅中，先大火煮开，撇去浮沫，待没有明显浮沫产生时，加入姜片和葱结，改小火煮 2～3 小时，煮制过程中多次去除浮沫，加盐、白胡椒粉等调料入味备用。

3. 米粉泡发：将米粉放入 80℃ 的水中浸泡约 10 分钟，泡好后将米粉捞起放入冷水中过凉后捞出沥干，约 40 分钟后放入冷水中浸泡备用。

4. 煮粉及配碗：将泡好的米粉放至粉篱中，在开水中烫制 30 秒左右，中途可翻动数下，待粉熟后装入配碗中；舀一勺酸辣鲜香的臊子，撒上葱花即可。

说明：配碗为在干净的碗中加入适量的猪油、盐、酱油，以备盛米粉。

【成品特点】

牛肉酸辣，汤头鲜美，粉质爽滑，配菜丰富。

【技术关键】

1. 泡发米粉的水温和时间要把握准确。

2. 泡发好的米粉要过冷水后捞出沥干。

3. 熬制底汤时要注意去除浮沫和把握火候。

湘西米粉评鉴表			
考核 内容	考核要点	配分	得分
主料	1. 米粉的熟度符合基本口感要求，柔软而不失韧性。(5分) 2. 原粉新鲜，要带有一定的米香。(5分) 3. 原粉与汤料有协调度，是否出现糊汤现象。(5分)	15	
配料	1. 原料的新鲜度符合新鲜食材的要求。(5分) 2. 配料与原粉及汤料的组合相得益彰，盖味不抢味。(5分) 3. 配料的分量及种类符合大众化咸香味美的口味需求。(5分)	15	
底汤	1. 底汤色泽油亮，有光泽。(5分) 2. 底汤具有鲜香的愉悦香气。(5分) 3. 底汤咸香适口,突出原粉的主味。(5分)	15	
粉码	1. 粉码色泽符合提振食欲的要求，突出主料。(5分) 2. 粉码咸香适口，处理得当，入味。(5分) 3. 粉码与汤料完美融合,相得益彰。(5分) 4. 粉码原料味、芡汁味符合菜品的基本要求。(5分)	20	

练习题

一、选择题

1. 湘西地区米粉不包括以下哪个地区？（　　　）

A. 张家界　　　　　B. 邵阳　　　　　C. 怀化　　　　　D. 吉首

2. 张家界米粉的主要形态为（　　　）。

A. 圆粉　　　B. 细粉　　　C. 扁粉　　　D. 砸粉

3. 在张家界，米粉的盖码被称为（　　　）。

A. 码子　　　B. 浇头　　C. 臊子　　　D. 粉码

4. 张家界红薯粉需提前先泡后沥干再煮，泡制时水温一般是（　　　）。

A. 40℃　　　B. 60℃　　　C. 80℃　　　D. 100℃

5. 张家界黄三米粉有"三绝"，以下不属于"三绝"的是（　　　）。

A. 老板绝　　　　　　B. 粉码绝

C. 扣肉绝　　　　　　D. 底汤绝

6. 以下不属于黄三米粉配菜的是（　　　）。

A. 生拌蒜片　　　　　B. 油炸榨菜

C. 凉拌香菜　　　　　D. 茶油盐菜

7. 慈利手工半干米粉在滚水中的成熟时间大约为（　　　）。

A. 1 分钟　　　B. 2 分钟　　C. 3 分钟　　D. 4 分钟

8. 沅陵猪脚米粉的原料一般选择（　　　）。

A. 早籼米　　　B. 晚籼米　　C. 粳米　　　D. 糯米

9. 新晃锅巴粉的原料不包括（　　　）。

A. 籼米　　　B. 绿豆　　　C. 山茶油　　D. 艾蒿

10. 制作洪江干挑二合一粉码的牛肉最好选择（　　　）。

A. 牛腩肉　　　B. 牛胸肉

C. 牛里脊肉　　D. 牛腱子肉

二、判断题

1. 制作慈利黄豆瘦肉米粉时，黄豆、干米粉需提前 4 小时左右泡制。（　　　）

2. 芷江鸭是芷江县的招牌美食,鸭肉中的脂肪酸熔点低,易于消化。(　　　)

3. 芷江鸭肉粉在制作过程中,当地人一般会在宰杀去毛的鸭肉上涂抹蜂蜜增加鸭肉的亮色,也会在烹制鸭肉过程中加入芷江本地特产的香料增香提味。(　　　)

4. 制作沅陵猪脚粉的底汤时,需加入少许食醋熬制,其粉码需提前用高油温炸制。(　　　)

5. 沅陵猪脚粉的原料一般采用籼米制作。(　　　)

6. 洪江干挑二合一既包括米粉也包括面条。(　　　)

7. 正宗的洪江米粉选用上等粳米,经洗、泡、蒸、煮、揉、榨、晾、切等18道工序。(　　　)

8. 苗乡牛杂粉是怀化米粉的特色代表之一。(　　　)

9. 湘西米粉一般采用富硒大米加工而成,粉筋道十足。(　　　)

10. 湘西地区的粉码一般被称为臊子。(　　　)

三、简答题

1. 张家界黄三米粉有"三绝",主要包括哪三绝?通过黄三米粉的故事,谈谈你的感受。

2. 简述芷江鸭肉粉中粉码的制作工艺。

3. 简述猪脚粉的食疗作用。

4. 简述锅巴粉的制作过程。

5. 阐述洪江干挑二合一的独特之处。

项目五 湘北地区特色米粉

【项目导读】

　　湘北地区又称洞庭湖区，因环绕洞庭湖而得名。湘北地区主要包括常德、益阳、岳阳三地。

　　常德米粉是湖南省闻名遐迩的风味小吃。早在清光绪年间，常德就有了生产米粉的店坊，生产的米粉又细又长。长期以来，常德人不论男女老幼，都喜欢食用米粉；外地来的客人，也以能品尝常德米粉为一大乐事。

　　益阳米粉与长沙米粉、常德米粉不同，切面略宽约0.8cm，有一种宽粉更甚，有1cm宽。益阳米粉讲究原汁原味，粉码以木耳肉丝和辣椒肉丝居多。益阳米粉还有个鲜明的特征，即码子不重辛辣而重鲜美。当然，益阳南部地区的安化米粉则保留着梅山文化的传统饮食风格，油重味重。

　　岳阳米粉分圆粉、扁粉两种，因为扁粉比圆粉更容易入味，因此大多数岳阳人偏好扁粉。岳阳米粉的做法与长沙米粉大致相同，烹制方法也基本一致。

岳阳人吃粉看重汤，也看重码子。现炒的粉码浇盖在刚出锅的米粉上，就着码子喝着汤，入口鲜香滑嫩，回味无穷。岳阳在洞庭湖畔，近水吃水，湖鲜入粉是岳阳米粉的特色。

任务一 常德米粉

【任务导读】

常德米粉的主要原料是常德当地的大米。早籼米经过十几个小时的浸泡、打浆、加热、定型，制成洁白、细长且有弹性的粉丝，只要用开水烫熟，加上佐料即可食用。吃起来润滑可口、风味独特，如果配上常德当地钵子菜的汤汁可进一步提升常德米粉的风味。

常德米粉还有一种是扁长形的，又称"常德米面"，有些像超市里卖的筒面，但常德米面是现做的且比筒面更宽。常德米粉相比于其他地区的米粉更富有米的香味，颜色看上去接近大米，而桂林米粉看上去比较透明，像胶一样，比较筋道。常德米粉虽然没有那么筋道，但是常德米粉配菜的时候，菜、酱汁和调料的味道更加容易渗入到米粉里面，使米粉和配菜能更完美地融合。

【任务目标】

1. 了解常德米粉的特点。
2. 掌握有代表性的常德米粉的制作工艺。

津市牛肉粉

【导学】

　　"津市牛肉粉"是国家地理标志证明商标，其历史悠久，闻名三湘。津市牛肉粉的诞生可追溯至清雍正年间，当时施行"改土归流"政策，一支新疆维吾尔族人迁到今湖南省津市附近定居，十分想念家乡的牛肉面，但当地以大米为主食，少有面条，便以当地米粉为替代，创造了最早的牛肉粉。后为津市当地人逐渐接受并加以改良，使其口味变辣变咸。津市牛肉粉与长沙臭豆腐共为湖南两大特色风味小吃。津市牛肉粉现已遍布长沙、武汉、南昌、西安、深圳等地，目前全国已有超过5000家店。作为湖南最具特色的米粉，了解津市牛肉粉的制作方法和风味特点十分必要。

【原料配备】

　　主料（4人份量）：粗圆粉500g，牛肉1000g。

　　配料：酸豆角10g，油炸花生米10g，香菜10g，葱10g。

　　调料：山楂2.5g，栀子1g，灵香草1g，霍香2g，丁香2.5g，良姜3g，枳壳2.5g，小茴香4g，白芷2.5g，草蔻2.5g，香叶2.5g，木香2.5g，八角5g，五加皮2.5g，

辛夷 2.5g，砂仁 2.5g，草果 2.5g，桂枝 2.5g，花椒 2g，菜籽油 500g，辣椒粉 50g，白酒 10g，味精 10g，盐 10g，酱油、葱结、姜片各 30g。

【工艺流程】

1. 粉码制作：用适量盐给新鲜牛肉均匀地抹上一层，腌制 30 分钟即可。将腌制过的牛肉改刀成块状，放入锅中，加水、姜片煮 15 分钟断生（牛肉无红心）后捞出，切成小片或小块状。锅中加入适量的菜籽油，油八成热后，把适量的桂枝、花椒、八角放入锅里炸，待散发出香味后捞出。把切好的牛肉放入锅中炒制，放入适量的白酒、盐、味精、辣椒粉炒香后，将之前煮牛肉的汤倒入并将其余调料（香料）放入纱布扎紧，一起入锅熬煮，直至牛肉烂熟。热锅倒入菜籽油烧热，加入姜片爆香，放入牛肉煎至表面微焦黄，倒入清水 500 克大火烧开焖煮 15 分钟，加入葱结、辣椒粉、生抽、老抽适量翻炒入味，出锅前撒上葱末即可。

2. 煮粉及配碗：将当地手工粗圆粉挑至粉篱中，在开水中烫制 60 秒左右，中途可翻动数下，待粉熟后装入配碗中，舀一勺汤汁浓郁的牛肉码即成。

说明：配碗为在干净的碗中，加入适量的盐、味精、酱油和葱花，以备盛米粉。

【成品特点】

味道鲜辣、香滑不油、爽口润滑、风味独特。

【技术关键】

津市牛肉粉的粉码属于卤味码，在制作过程中各种香料和中草药的配比需准确把握，可以参照一般卤牛肉的卤水料来进行制作。

【知识拓展】

津市米粉是常德米粉的一种。传统常德米粉的制作技艺分为鲜湿米粉制作和浇头制作两部分，其工艺复杂，耗时长达 2 至 3 天。

手工制作鲜湿米粉有 10 道工序：一是选米，一般选优质粳稻米，因粳稻米性黏，制作成米粉后不易折断；二是浸泡，将选好的大米放入大木桶中浸泡，浸泡时间因季节和温度而定，一般为 1 至 3 天；三是磨浆，将浸泡好的大米用石磨磨成米浆；四是滤水，将米浆用大块纱布包裹滤干水分；五是蒸，将滤干水分的米粉团置入蒸笼中蒸熟；六是捣，将蒸熟的米粉团放入石碓中用木棒冲捣；七是揉，将经冲捣后的米粉团在案板上揉搓；八是挤，将揉成圆柱形的米粉胚放入桶中用圆木板盖住，再人工挤压，米粉经桶底小圆孔呈圆条形流出；九是煮，将上一道工序制成的米粉下入开水锅中稍煮后快速捞出，以防止制作成型的米粉黏连在一起；十是成型，将米粉从铁锅中捞出后，整齐地排放在筲箕里。这样制作出来的米粉不粗不细、柔软筋道、爽口滑润。

常德米粉好吃，还有一个重要的因素，即浇头的选材和制作。常德米粉的浇头分汉族和清真两大系列。汉族系列的浇头主料为猪肉，有猪肉丝、肉片、红烧、红油、三鲜、炸酱、菌油、酸辣、卤汁、酱汁、蹄花、排骨、鸡丁、鳝鱼等 10 多种。清真系列的浇头主料为牛肉，有牛肉丝、牛杂、羊肉片、卤蛋、羊肚片、鸡丝、鸭条、卤汁、三鲜、炖牛肉、牛排、牛筋、红烧牛肉等 10 多种，其中尤以红烧牛肉浇头最为有名。选用上等牛肉切成小方块放在钵中，再放入花椒、桂皮等 10 多种香料配制的香料包，用小火烧煮，这样做出来的牛肉浇头，既保持了牛肉的原味，又增添了各种香料的香味，吃起来香气四溢、回味悠长。

任务二 益阳米粉

【任务导读】

益阳，别名"银城""丽都"，位于长江中下游平原，地处湖南省北部，洞庭湖南岸，是环洞庭湖生态经济圈核心城市之一，自古便是江南富饶的"鱼米之乡"。益阳米粉厚而糯实，汤头好，山珍湖鲜皆可入味，切面略宽略厚，约0.8cm，稍宽者达1cm，有嚼劲。米粉质地晶莹薄软，入口爽滑有韧劲。益阳米粉以手工石磨米粉为主，选用洞庭湖陈年早籼米经浸泡蒸煮制作而成，米粉柔软爽滑、有嚼劲、入味更透彻。

【任务目标】

1. 了解益阳米粉的特点。

2. 掌握有代表性的益阳米粉的制作工艺。

一、安化腊肉粉

-【导学】

　　安化腊肉色泽红亮，经烟熏而成，肥而不腻，鲜美异常。其以山养黑猪肉为原料，采用古法秘方腌制，文火熏烤50天以上，成品肉质紧实，肥肉肥而不腻，瘦肉瘦而不柴。

　　腊肉是经过制炼的腌肉，一般在腊月开始制作，到腊尾春头就可以拿出来吃了，所以称为腊肉。因山高路远、求物不便，安化人每逢年关家家户户便宰杀冬猪做成腊肉，这样便于长久储存，既以自奉，兼可待客。

【原料配备】

　　主料：手工米粉100g，安化腊肉50g。

　　配料：青菜50g，葱花50g，油炸花生米、萝卜干、豆角适量。

　　调料：盐2g，酱油3g，味精1g，葱花5g，白胡椒粉1g，姜片5g。

【工艺流程】

1.粉码制作：取带肥安化腊肉用温水漂洗干净后，和姜片一起放进蒸笼中蒸大约10分钟取出。将蒸好的腊肉改刀为厚片，摆入盘中撒上味精，再放进蒸笼蒸大约10分钟即可。

2.煮粉及配碗：将手工米粉挑至粉篱中，在开水中烫制30秒左右，中途可翻动数下，待粉熟后装入配碗中，加上腊肉粉码即成。

说明：配碗为在干净的碗中，加入适量的盐、味精、酱油、香葱和白胡椒粉，以备盛米粉。

【成品特点】

腊香浓厚、肥而不腻、粉质柔韧。

【技术关键】

安化腊肉的制作很关键，新鲜猪肉需挂于灶上经烟火熏染数月。

【知识拓展】

安化腊肉味浓厚，合湖南人的口味，无论蒸、炒、煮都很好吃，炒辣椒、做土钵更是上佳美味。腊菜本来就是湘菜的重要组成部分，而安化山民的土制腊肉更是一绝。由于熏染时间长，安化腊肉表面有厚厚一层黑烟，用温水洗净后切片，一蒸即食。再搭配安化当地人制作的萝卜干，滋味绵长，余味无穷。

二、隔仓肉炖芦笋粉

【导学】

湘菜中常把排骨上的隔膜肉称为隔仓肉，吃口有韧性，不油不腻，定型好。清汤红油、青葱白瓷的隔仓肉炖芦笋粉是益阳人的最爱。

【原料配备】

主料：益阳手工粗圆粉100g，隔仓肉100g，芦笋100g。

配料：葱花50g，油炸花生米10g，酱萝卜干5g，酸豆角5g。

调料：色拉油10g，盐3g，酱油5g，味精1g，葱花10g，白胡椒粉1g，姜片10g。

【工艺流程】

1.粉码制作：取隔仓肉、芦笋清洗干净，芦笋焯水，锅内烧热油，先把隔仓肉炒香，加清水煮开，再加入芦笋炖制10分钟调味即可。

2.煮粉及配碗：将手工粗圆粉挑至粉篱中，在开水中烫制30秒左右，中途可翻动数下，待粉熟后装入配碗中，盖上隔仓肉芦笋粉码即成。

说明：配碗为在干净的碗中，加入适量的盐、味精、酱油、香葱和白胡椒粉，以备盛米粉。

【成品特点】

芦笋鲜美、肉质细嫩、粉质柔韧有嚼劲。

【技术关键】

隔仓肉的选取很关键，需要选料准确。

【知识拓展】

除了隔仓肉炖芦笋粉码，广受益阳人喜爱的还有木耳肉丝煨码，其选用猪前腿肉，将其切成肉丝，和木耳丝一起用慢火煨制，一碗醇香的米粉在肉丝和木耳的搭配下，鲜美异常。

任务三　岳阳米粉

【任务导读】

　　岳阳地处洞庭湖畔，是典型的鱼米之乡，河鲜、湖鲜众多，多使用鱼类入馔，粉码制作也不例外。岳阳米粉的制作方法和味型与长沙基本类似。现炒的粉码，鲜香滚烫，浇盖在刚出锅的米粉上，就着码子喝着汤，入口鲜香滑嫩，回味无穷。岳阳在洞庭湖畔，近水吃水，湖鲜入粉是岳阳米粉的特色。

【任务目标】

　　1. 了解岳阳米粉的特点。

　　2. 掌握有代表性的岳阳米粉的制作工艺。

一、岳阳手工米粉

【导学】

岳阳手工米粉是用筋道的新鲜米粉皮子现切出来的宽粉条。

【原料配备】

主料：岳阳手工米粉100g，猪前腿肉100g。

配料：猪筒骨一副，青尖椒100g。

调料：盐2g，味精3g，酱油10g，蒜20g，姜片10g，葱花10g。

【工艺流程】

1. 粉码制作：将猪前腿肉洗净，青尖椒去蒂洗净待用。将猪前腿肉中的肥肉剔下炼成猪油备用；瘦肉切成细丝，用盐、味精、酱油腌制入味；青尖椒切丝，蒜去皮切指甲片。净锅置旺火上，倒入炼好的猪油滑锅，下蒜片、青尖椒、盐、味精，翻炒至青尖椒碧绿时下瘦肉合炒，快速翻炒至熟，加盐、味精调味翻拌均匀，出锅装盘备用。

2. 底汤制作：猪筒骨洗净，焯水至断生，去净浮沫，加3倍清水及姜片中火熬煮2-3小时备用。

3. 煮粉及配碗：在干净的碗中，加入适量的盐、味精、酱油和香葱，以备

盛米粉。新鲜米粉下入滚水中烫熟。加适量汤底入配碗中，装入米粉，盖上辣椒炒肉粉码即可。

【成品特点】

汤鲜味美、肉香浓郁、辣椒碧绿。

【技术关键】

1.粉码挑选猪前腿肉，把肥肉剔下炼油，瘦肉切成细丝。

2.粉码炒制过程中注意火候的掌握。

【知识拓展】

"多弯几条街，就为这碗粉！"吃过岳阳手工米粉的食客，对手中这碗粉的评价就俩字：上瘾！岳阳手工米粉有多让人上瘾呢？曾有一位外出到深圳工作的岳阳人，因太过想念米粉的味道，专程坐高铁回岳阳吃碗粉解馋，然后再带十几份挑回去；店里从小吃到大的学生，在大学假期回家第一件事就是去手工米粉店里嗦碗粉；几岁的孩童都爱吃。岳阳手工米粉店除了辣椒炒肉码，牛肚炒码、肚腰鱿炒码也是其特色。

二、华容芥菜肉末粉

【导学】

华容芥菜肉末粉因以华容当地酱腌芥菜做码而得名。华容芥菜的种植始于魏晋，兴于明清，距今已有1500多年历史。相传乾隆江南巡视时偶然品尝华容芥菜，感觉味美爽口，回宫后又用腌制的芥菜治好了太后的厌食症，于是将华容芥菜纳为了御膳之贡品。岳阳华容芥菜肉末粉用的是华容的芥菜和肉泥做码的高汤米粉，在每一碗米粉里，是湘味，也是乡味，更是流传多年的历史文化味，深得食客喜爱。

【原料配备】

主料：岳阳手工米粉100g，华容酱腌芥菜25g，猪前腿肉25g。

配料：猪筒骨一副，红尖椒20g。

调料：色拉油50g，盐2g，味精1g，酱油5g，蒜末10g，姜片10g，葱花10g。

【工艺流程】

1.粉码制作：将猪肉、酱腌芥菜洗净，红尖椒去蒂洗净待用。将猪前腿肉剁成泥，加入盐、酱油搅打上劲；芥菜剁成末；红尖椒切片，蒜去皮剁成蒜泥。净锅置旺火上，倒入色拉油滑锅，下肉末煸炒出肉香味，下芥菜、蒜泥、红尖椒、盐、味精翻炒至熟，装盘备用。

2.底汤制作：猪筒骨洗净，焯水至断生，去净浮沫，加3倍清水及适量姜片熬煮2–3小时备用。

3.煮粉及配碗：在干净的碗中，加入适量的盐、味精、酱油和香葱，以备盛米粉。新鲜米粉下入滚水中烫熟。加适量汤底入配碗中，装入米粉，盖上芥菜肉末粉码即可。

【成品特点】

微酸爽口、咸香扑鼻、汤鲜味美。

【技术关键】

1.猪肉、蒜需剁成泥，芥菜剁成末。

2.粉码炒制过程中注意火候的掌握。

【知识拓展】

芥菜，在华容人口语中音"嘎菜"。嘎，在华容话里也是"家"的读音，而芥菜正是华容农户家家都栽种的菜。新鲜芥菜颜色翠绿，茎粗叶厚，吃法也多样。作为时令菜，可以切成小段清炒，味道清甜。也可腌制为酱菜，更是开胃的美味。腌制方法为：先将收割的芥菜摊开晒蔫，再洗净，挂到绳子上晾干；然后拿一个大盆，或在地上放一块木板，一次拿几棵芥菜，撒上适量的盐，用双手使劲搓揉，把盐揉匀，直到芥菜变色；揉完后，将芥菜装坛，一层层码好并压紧，然后封口；将芥菜坛放至阴凉处或土窖，腌上几个月，就可以食用了。经腌制后的芥菜色泽淡黄、微酸爽口、咸香扑鼻。除了自己腌制，许多村民将芥菜卖给了加工企业。其中著名的"老坛酸菜"用的就是华容芥菜现已成为国家地理标志品牌，成为了壮大县域经济的特色产业，并以插旗镇为主阵地。

三、钱粮湖鳝鱼酸菜粉

【导学】

　　钱粮湖镇位于岳阳君山区西部，相传乾隆皇帝下江南曾到此一游，故尔谐音"乾隆"而得名。该镇滨洞庭、靠长江，地势平坦，土壤肥沃，物产丰富，有"洞庭明珠"和"三湘第一镇"的美称。钱粮湖出产的土黄鳝肉质鲜嫩、营养丰富，配上老母鸡和猪筒骨熬成的高汤，再加上酸菜和些许辣椒，使得米粉的味道辣中带甜且鲜美异常。

【原料配备】

　　主料：岳阳手工米粉100g，钱粮湖土黄鳝50g，酸菜50g。

　　配料：老母鸡半只，猪筒骨一副，红尖椒20g。

　　调料：色拉油100g，盐2g，味精2g，酱油3g，蒜10g，姜10g，蚝油5g，料酒5g。

【工艺流程】

　　1.粉码制作：将鳝鱼宰杀去内脏、去骨，红尖椒去蒂洗净，姜、蒜、酸菜洗净待用。将鳝鱼斩成1.5cm见方的丁，用酱油、盐、味精、蚝油、料酒腌制入味;红尖椒切指甲片,姜、蒜切丁,酸菜切碎。净锅置旺火上,倒入色拉油,下蒜、姜煸炒出香味,下鳝鱼丁用中小火炒至鳝鱼起皱,下红尖椒、酸菜,加盐、味精调味翻炒均匀,出锅装盘备用。

2. 底汤制作:老母鸡、猪筒骨洗净,焯水至断生,去净浮沫,加3倍清水及适量姜片熬煮2~3小时备用。

3. 煮粉及配碗:在干净的碗中,加入适量的盐、味精,以备盛米粉。新鲜米粉下入滚水中烫熟。加适量汤底入配碗中,装入米粉,盖上鳝鱼酸菜粉码即可。

【成品特点】

鳝鱼肉质鲜嫩、营养丰富、咸鲜香辣、汤鲜味美。

【技术关键】

1. 选用鲜活的鳝鱼,宰杀去骨。

2. 鳝鱼斩成大小一致的丁。

3. 用中小火煸炒鳝鱼至起皱,去腥增香。

4. 调味适时准确,咸鲜香辣。

【知识拓展】

原钱粮湖北近华容县墨山铺,南靠银杯河、华容河所夹洼地。这里洪水季节一片汪洋,枯水季节方圆不到5平方公里,盛产鱼虾、湘莲。相传乾隆皇帝曾到此游玩,故称乾隆湖。1930年9月,湖水退出,大量鱼虾聚集于不到2平方公里的湖水中。有渔民闻风而至在小小的乾隆湖中竟捕鱼200余担,换得大量钱粮。渔民们喜笑颜开地说:"乾隆湖出钱又出粮,真是个钱粮湖。"钱粮湖之名便由此传开。后建制乡镇时,虽然此湖在该地区内不是最大的湖泊,但湖名含义符合当地人民的美好愿望,体现洞庭湖区鱼米之乡的特点,便以此名作为镇的名称。

四、樟树港辣椒炒肉粉

【导学】

　　樟树港辣椒是湖南省岳阳市湘阴县樟树镇的特产。培育之地樟树镇位于湘阴县西南部，近城、靠湖、临江，是一座历史悠久的千年古镇。该镇有着近两百年的辣椒种植史，其特殊的地理环境和富硒土壤、绿色栽培方式孕育了具有独特风味的樟树港辣椒。樟树镇固其而成为湖南省有名的"辣椒之乡"。樟树港辣椒炒肉粉的地域特色鲜明，采用正宗樟树港辣椒、纯正土猪肉做码，该粉码中的辣椒皮肉紧致、清脆爽口，配上高汤让人回味悠长。

【原料配备】

　　主料：岳阳手工米粉100g，猪前腿肉50g，樟树港辣椒50g。

　　配料：猪筒骨一副。

　　调料：色拉油25g，盐2g，味精1g，酱油5g，蚝油10g，蒜20g，姜末10g。

【工艺流程】

　　1.粉码制作：将樟树港辣椒去蒂洗净，猪前腿肉清洗干净待用。将猪前腿肉切薄片，加盐、酱油腌制入味。将樟树港辣椒切滚料块，蒜切指甲片。净锅置旺火上，倒入色拉油滑锅，烧至五成热，下猪前腿肉煸炒至断生盛出。锅洗净倒入色拉油，放入蒜、樟树港辣椒煸炒出香味，放入炒好的猪前腿肉，加盐、味精、蚝油调味，翻炒均匀，出锅装盘备用。

2. 底汤制作：猪筒骨洗净，焯水至断生，去净浮沫，加3倍清水及适量姜片熬煮2-3小时备用。

3. 煮粉及配碗：在干净的碗中，加入适量的盐、味精、酱油，以备盛米粉。新鲜米粉下入滚水中烫熟。加适量汤底入配碗中，装入米粉，盖上樟树港辣椒炒肉粉码即可。

【成品特点】

脆嫩紧致、猪肉鲜嫩、咸鲜香辣、汤鲜味美。

【技术关键】

1. 猪肉切片，要求大小一致、厚薄均匀。

2. 旺火速成，确保猪肉鲜嫩、辣椒脆嫩。

3. 调味适时准确，咸鲜香辣。

五、洞庭鱼粉

【导学】

　　洞庭鱼粉是岳阳市的品牌米粉，无论是米粉、汤底还是粉码都极具地域特色。其米粉采用手工制作，不同于机制米粉的粉质松散、不耐煮，手工米粉筋道足、口感好。洞庭鱼粉是用鲜鲫鱼熬汤，洞庭湖鳜鱼做码，其汤香味浓，令人回味。鱼粉配料上乘，烹煮讲究，以汤清、粉韧、码香、味浓为特点，深得岳阳人的喜爱。

【原料配备】

　　主料：岳阳手工米粉100g，洞庭湖鳜鱼100g。

　　配料：鲜鲫鱼1条，生菜30g。

　　调料：色拉油100g，盐3g，味精2g，酱油5g，料酒20g，姜10g，干淀粉50g，葱花适量。

【工艺流程】

　　1.粉码制作：鳜鱼宰杀去鳃、去皮、去内脏，洗净备用；香葱洗净切段，生菜洗净放入开水中氽熟；将鳜鱼分档取料，取净肉，横切成薄片，用盐、料酒腌渍，在砧板上撒干淀粉，放鱼片，捶打成1mm厚的薄片，放入开水中氽熟。

　　2.底汤制作：将鲫鱼宰杀后去鳞、鳃，剖腹去内脏，背部剞一字花刀，洗净后沥水。将净锅置旺火上，倒入色拉油滑锅，烧至六成热，下鲫鱼煎至两面金黄色，下姜丝煸香。加入清水没过鲫鱼，加盐、味精调味，加盖用大火煮，沸腾后转小火煮至汤色浓白即成鲜美鱼汤。

3. 煮粉及配碗：在干净的碗中，加入适量的盐、味精、酱油以及葱花，以备盛米粉。新鲜米粉下入滚水中烫熟。加适量滚烫鱼汤汤底入配碗中，装入米粉，盖上几片鳜鱼片及生菜即可。

【成品特点】

米粉筋道十足、鱼肉软嫩、汤香味浓、营养丰富。

【技术关键】

1. 鱼宰杀处理干净。

2. 鱼片成形完整，厚薄一致。

3. 汆制过程中注意时间和火候的掌握。

【知识拓展】

汆是将新鲜、质嫩的原料先加工成片、丝、条或制成丸子等形状，投入沸汤中加热至断生，再将汤和熟料一起食用的一种烹调方法。汆在湘菜中对原料、汤都有较高的要求，因加热时间较短，原料一般需进行预处理。如洞庭鱼粉中的粉码鳜鱼需先横切成薄片，抹上干淀粉，捶打成约 1mm 厚的薄片后，再下入开水中汆熟。

六、岳阳湘阴虾尾拌粉

【导学】

岳阳湘阴自古享有"美食之乡"之誉,湘阴粉面更是在湖南省内外久负盛名,有"湘阴粉面,香天下"之说。湘阴虾尾拌粉因选材上乘、烹煮讲究,取自洞庭湖区的清水龙虾个头大、肉质嫩、弹性足,而深得大众的喜爱。

【原料配备】

主料:手工米粉100g,龙虾200g。

配料:猪筒骨一副,紫苏5g。

调料:色拉油100g,盐2g,味精3g,酱油10g,蒜20g,姜10g,豆瓣酱10g,香葱5g。

【工艺流程】

1. 底汤制作:猪筒骨洗净,焯水至断生,去净浮沫,加3倍清水及适量姜片熬煮2-3小时备用。

2. 粉码制作:龙虾取虾尾、抽虾线,用盐水浸泡10分钟再刷干净晾干水分待用;蒜、姜、香葱切好待用。净锅置旺火上,倒入色拉油滑锅,烧至四成热,将虾尾过油,倒出沥油;锅内留底油,下蒜、姜、当地豆瓣酱煸香,再放入虾尾不断翻炒,最后加入盐、味精、酱油、高汤用小火煨制两小时。

3. 煮粉及配碗:在干净的碗中,加入适量盐、味精、酱油以及香葱,以备盛米粉。新鲜米粉下入滚水中烫熟,捞出放入配碗中。将煨好的虾尾放入紫苏调味,盖在米粉上,最后搅拌均匀即可。

【成品特点】

粉韧码香、色彩浓艳、鲜味十足。

【技术关键】

1. 龙虾应使用洞庭湖区的清水龙虾,个头大,肉质嫩。

2. 龙虾取虾尾、抽虾线,需用盐水浸泡10分钟再刷干净晾干水分。

3. 虾尾过油的油温宜控制在四成热。

4. 煨好后的虾尾起锅前加入紫苏进行调味增香。

【知识拓展】

近年来，岳阳湘阴积极探索推进"湘阴面（粉）馆"标准化建设，通过查找传统食谱、拜访老艺人、改进和创新工艺等方式，进一步发掘湘阴特色美食产品，并研发了辣椒炒肉、口味虾尾、三井头炖肠等菜品的标准生产工艺。

湘北米粉评鉴表			
考核内容	考核要点	配分	得分
主料	1. 米粉的熟度符合基本口感要求，柔软而不失韧性。（5分） 2. 原粉新鲜，要带有一定的米香。（5分） 3. 原粉与汤料的协调度，是否出现糊汤现象。（5分）	15	
配料	1. 原料的新鲜度符合新鲜食材的要求。（5分） 2. 配料与原粉及汤料的组合相得益彰，盖味不抢味。（5分） 3. 配料的分量及种类符合大众化咸香味美的口味需求。（5分）	15	
汤料	1. 汤料色泽油亮，有光泽。（5分） 2. 汤料具有鲜香的愉悦香气。（5分） 3. 汤料咸香适口，突出原粉的主味。（5分）	15	
粉码	1. 粉码色泽符合提振食欲的要求，突出主料。（5分） 2. 粉码咸香适口，处理得当，入味。（5分） 3. 粉码与汤料完美融合，相得益彰。（5分） 4. 粉码原料味、芡汁味符合菜品的基本要求。（5分）	20	

练习题

一、选择题

1. 湘北地区又称（　　　）。

A. 鄱阳湖区　　　　　　B. 洞庭湖区

C. 太湖区　　　　　　　D. 巢湖区

2. 益阳米粉切面宽约（　　　）cm。

A. 0.7　　　　B. 0.9　　　　C. 0.8　　　　D. 0.6

3. 与长沙臭豆腐共为湖南两大特色风味小吃的是（　　　）。

A. 津市牛肉粉　　　　　B. 攸县米粉

C. 姊妹团子　　　　　　D. 糖油粑粑

4. 益阳米粉讲究（　　　）。

A. 浓汤酸辣味　　　　　B. 原汁酸辣味

C. 浓汤浓味　　　　　　D. 原汁原味

5. 安化腊肉选用的原料是（　　　）。

A. 宁乡猪　　　　　　　B. 香猪

C. 山养黑猪肉　　　　　D. 家养黑猪肉

6. 樟树港辣椒炒肉粉属于以下哪个地区的特色米粉？（　　　）

A. 益阳　　　B. 常德　　　C. 岳阳　　　D. 娄底

7. 湘菜中常把排骨上的隔膜肉称为（　　　）。

A. 肥肉　　　B. 隔仓肉　　　C. 瘦肉　　　D. 五花肉

8. 大多数岳阳人偏好（　　　）。

A. 扁粉　　　B. 圆粉　　　C. 细粉　　　D. 粗粉

9. 湖南省有名的"辣椒之乡"是（　　　）。

A. 株洲　　　B. 樟树镇　　　C. 攸县　　　D. 长沙

10. 湘北的特色米粉包括以下哪些地区？（　　　）

A. 益阳　　　　B. 常德

C. 岳阳　　　　D. 娄底

二、判断题

1. 湘北地区主要包括常德、益阳和岳阳三地。（　　　）

2. "湘中明珠"湘潭的全牛宴闻名遐迩。（　　　）

3. 正宗的邵阳米粉堪称圆粉中的"巨无霸"。（　　　）

4. "沿湘以上十余里，自前明号为小南京"描述的是湘潭。（　　　）

5. 油汤红亮、味道浓烈、油而不腻是娄底米粉的特点。（　　　）

6. 武冈南门口米粉属于娄底地区的米粉。（　　　）

7. 邵阳三鲜粉中的"三鲜"就是指邵阳风味的蛋饺搭配猪肚、香菇，以及少量的木耳肉丝作为臊子。（　　　）

8. 木耳豆腐粉是湘潭最经典的米粉。（　　　）

9. 一碗有灵魂的湘潭米粉，汤、粉、码缺一不可。（　　　）

10. 湘乡鸡杂银丝粉属于邵阳地区的特色米粉。（　　　）

三、简答题

1. 湘北地区具体包括哪些地市？

2. 简述安化腊肉粉制作的技术关键点。

3. 华容芥菜肉末粉常用的配菜有哪些？

4. 钱粮湖鳝鱼酸菜粉的制作流程是什么？

項目六
湘中地区特色
米粉

【项目导读】

湘中地区在地理上主要是指洞庭湖以南、罗霄山脉以西、武陵山脉以东、五岭以北的湘中丘陵盆地，主要包括娄底、邵阳和湘潭三地。

"湘中明珠"娄底的全牛宴闻名遐迩。娄底米粉以圆粉为主，码子也主打牛肉。牛肉醇香，码子正宗，汤色红亮，味道浓烈，油而不腻，是娄底米粉的特点。一碗米粉，加上当地人最喜欢的山胡椒油，配以酸萝卜、油炸花生米、香干、香煎荷包蛋等，香味扑鼻而来，刺激着人的味蕾。走在娄底的大街小巷，粉馆遍地都是。若按名气论，有两款最为人所知，一是新化向东街的牛肉红汤米粉，二是双峰青树坪米粉。

邵阳米粉的主料为粗圆粉，比常德米粉还要粗一些。正宗的邵阳米粉堪称圆粉中的"巨无霸"。这种圆粉选用优质的当地大米，用纯净的资江水浸泡，研磨为浆，滤干，揉成粉团后煮熟，最后榨成整齐的米粉，细滑柔韧，让人赏

心悦目。

　　湘潭的地理位置优越，交通发达，湘江沿岸地区历来车水马龙，贸易繁盛。繁华的集市无疑造就了湘潭烟火气十足的市井文化。湘潭菜有"土、特、时鲜"的特征，湘潭米粉总体上与长沙米粉类似，但又有自己的特色。

任务一　娄底米粉

【任务导读】

　　娄底米粉以圆粉为主，码子一般是牛肉、猪肉。油汤红亮、味道浓烈、油而不腻是娄底米粉的特点。娄底米粉吃进口中，有一种弹牙的感觉，骨汤之上那层味道浓郁的辣椒油，释放出强烈的辣意，让人酣畅淋漓，大呼过瘾。

【任务目标】

　　1. 了解娄底米粉的特点。

　　2. 掌握有代表性的娄底米粉的制作工艺。

一、新化向东街米粉

【导学】

　　新化的饮食文化在周边县市中一直独领风骚，素有"吃在新化"的美誉。向东街米粉作为新化美食的代表之一，因风味独特、口感上乘，2016年曾登上《舌尖上的中国》节目。现如今，它已成为各地游客来新化必打卡的美食。红油铺在大骨汤底上，浸润精心制作的手工米粉，撒上葱花、香菜、花生米，用金黄的虎皮蛋、香辣豆干、大片的牛肉做码子，配上新化特产的山胡椒油，韧劲十足，汤味鲜美，让人百吃不厌。

【原料配备】

　　主料：手工米粉150g，牛腱子肉100g。

　　配料：猪筒骨一副，油炸花生米50g。

　　调料：色拉油200g，当地红干椒粉20g，盐2g，味精3g，姜10g，八角50g，桂皮50g，玉果50g，甘松50g，千里香50g，山黄皮50g，香葱10g，山胡椒油1g。

【工艺流程】

1. 粉码制作：牛腱子肉洗净，放入卤水中卤熟后，下入五成热油锅中炸至外皮略脆捞出，切成纹理清晰的大片牛肉片备用。

2. 底汤制作：猪筒骨洗净，焯水至断生，去浮沫，加多量清水及适量姜片，辅以八角、桂皮、玉果、甘松、千里香、山黄皮多种香料，用中火熬煮5小时成鲜美大骨汤。

3. 红油制作：锅内倒入色拉油，加热至三成油温时，加入新化当地红干椒粉并不断搅拌，冷却起出备用。

4. 煮粉及配碗：在干净的碗中，加入适量的盐、味精，以备盛米粉。新鲜米粉下入滚水中烫熟。加适量汤底、一勺红油入配碗中，装入米粉，盖上大片牛肉粉码，撒上油炸花生米、葱花，滴上两滴山胡椒油即可。

【成品特点】

米粉韧劲十足、红油重辣、牛肉酥软。

【技术关键】

1. 牛肉粉码的制作是新化向东街米粉制作的关键，牛肉以新鲜牛腱子肉为最佳，卤熟后入油锅中炸制，注意控制好炸制的时间和油温。

2. 红油制作采用当地的红干椒粉及色拉油。

二、双峰青树坪米粉

【导学】

　　青树坪米粉是娄底双峰县青树坪镇的特产，远近闻名。大多数米粉用的是湿粉，而青树坪米粉则采用纯粮制造的干粉，吃起来十分有韧劲。这也是青树坪米粉能够征服口味挑剔的青树坪人民的重要原因。产自当地的米粉经青树坪厨师加工后，吃起来回味无穷。

【原料配备】

　　主料：双峰县当地手工干粉100g，猪里脊肉100g。

　　配料：榨菜15g，油炸花生米5颗，猪筒骨一副。

　　调料：辣椒粉50g，色拉油100g，八角5g，桂皮5g，盐2g，味精3g，姜10g，葱花5g，红油1勺。

【工艺流程】

　　1.粉码制作：猪里脊肉洗净，焯水去浮沫，捞出放凉后切成2mm厚的片。净锅置旺火上，倒入色拉油滑锅，先下猪肉煸炒，出锅前下盐、味精、辣椒粉翻炒均匀至熟即可。

2.底汤制作：猪筒骨洗净，焯水至断生，去浮沫，加多量清水及适量姜片用中火熬煮3小时成鲜美大骨汤备用。

3.煮粉及配碗：在干净的碗中，加入适量的盐、味精，以备盛米粉。将当地米粉置于温水中浸泡至稍软后，下入滚水中烫熟。加一勺红油、汤底入配碗中，装入米粉，盖上炒肉码，撒上榨菜丝、油炸花生米、葱花即可。

【成品特点】

香味沁人、辣味给力、筋道十足。

【技术关键】

1.猪里脊肉切片，厚薄要一致。

2.肉码制作过程中注意火候的掌握。

【知识拓展】

双峰县的历史悠久，人才辈出，享有"国藩故里""湘军摇篮""女杰之乡"的美誉。据传曾国藩在带兵行军打仗时，由于不能携带大量的辣酱，而湘军大都是血气方刚、无辣不欢的湖南伢子，于是将做辣酱的原材料磨碎，加入到新鲜的里脊肉和筒子骨汤里，再搭配双峰青树坪特有的干米粉，这也成为了青树坪米粉的原型。这种辣劲也融入了湘军的精神，助推了湘军后期的胜利和湘军的名扬天下。米粉在青树坪出现是1981年的事情，彼时，曾任供销社青树坪饭店经理的王孝宗在老车站里租下房子，办起了青树坪镇第一家米粉店。米粉味道鲜美，吸引了很多食客。最初用的粉是从邵阳捎来的湿粉，后来他尝试着自己生产。从手工做粉到自己摸索着制造米粉机，产量大大增加。为便于保存，就把米粉晾干，使其更筋道、更有韧性。几十年过去，青树坪米粉已成为双峰县的特色小吃，名气也越来越大。原料粉除了大米粉外，还开发出了对接扶贫产业的蛋白桑米粉。2019年参加了在长沙国际会展中心举行的首届世界米粉大会推介会；2020年又参加了"湖南米粉大擂台"活动。青树坪米粉由一个地方特色美食逐渐走出了小镇，走向了全国，并且改良升级，实现了标准化、品牌化、连锁化，将速食包装米粉销往全国各地。

任务二　邵阳米粉

【任务导读】

邵阳米粉是一种邵阳地区的风味小吃，历史悠久。对于居住在当地的市民而言，吃邵阳米粉是生活中不可缺少的一部分。邵阳米粉的主要原料是大米，经过选米、发酵、打浆、压团、打团、榨粉六道工艺，制成洁白、细长且有弹性的粉条，只要用开水烫或煮熟，加上佐料一拌即可食用。吃起来润滑可口、独具风味。

【任务目标】

1. 了解邵阳米粉的特点。

2. 掌握有代表性的邵阳米粉的制作工艺。

一、武冈南门口米粉

【导学】

武冈南门口王师傅米粉店是一家百年老店，其前身是始创于1881年的德和粉馆，相传每一碗米粉都要通过"过三关，盖八景"的严密烹煮工序。

【原料配备】

主料：鲜米粉100g，五花肉150g。

配料：小白菜100g，菠菜80g，油菜80g。

调料：花生油30g，盐2g，酱油3g，豆瓣5g，料酒5g，胡椒粉5g，麻油5g，葱花15g，姜5g，辣酱5g，腐乳2g，香菜10g。

【工艺流程】

1.粉码制作：将五花肉洗净，切成细粒；小白菜、菠菜、油菜分别择洗干净，放入开水锅中焯至断生，捞出晾凉，切成条状；豆瓣剁成碎末；葱、姜洗净，均切成末备用。将锅置于火上，倒入花生油，烧至六七成热，放入姜末炝锅，出香味后，放入猪肉粒炒约3分钟，至肉粒变色、发散，加入料酒、盐、豆瓣末翻炒几下，溢出香味后，倒入适量鲜汤，撒入胡椒粉拌匀即成臊子。

2.煮粉及配碗：将辣椒油、酱油加热后放入碗内，加入葱花，搅匀成汁，再分盛若干碗内。将米粉煮熟，捞出沥干水分，分别盛入碗内，浇入臊子，放入蔬菜，淋上麻油拌匀，即可食用。

【成品特点】

米粉爽滑、咸鲜适口、风味独特。

【技术关键】

煸炒肉码的火候和时间要掌握好，防止肉质变老。

二、邵阳三鲜粉

【导学】

邵阳还有一款很有特色的三鲜粉。"三鲜"就是指邵阳风味的蛋饺搭配猪肚、香菇及少量的木耳肉丝作为臊子。

【原料配备】

主料：米粉 100g，蛋饺 4 个，猪肚 50g，木耳 5g，瘦肉 5g。

配料：猪筒骨 500g。

调料：色拉油 100g，盐 2g，酱油 10g，蒜 20g，姜 10g，葱花 10g，八角 5g，桂皮 5g，罗汉果 10g。

【工艺流程】

1.粉码制作：将猪肚、木耳洗净，瘦肉切丝待用，蒜去皮切指甲片。净锅置旺火上，倒入色拉油滑锅，下肉丝煸炒至变色，下蒜片、木耳、盐翻炒至瘦肉成熟。将蛋饺准备好待用。猪肚焯水，过油待用。

2.底汤制作：猪筒骨洗净，焯水至断生，去浮沫，加多量清水及适量姜片、八角、桂皮、罗汉果用中火熬煮 3 小时成鲜美大骨汤备用。

3. 煮粉及配碗：在干净的碗中，加入适量的盐、酱油和葱花，以备盛米粉。新鲜米粉下入滚水中烫熟。加适量汤底入配碗中，装入米粉，盖上猪肚、蛋饺、木耳肉丝粉码即可。

【成品特点】

爽滑可口、蛋饺软嫩、汤鲜味美。

【技术关键】

1. 猪肚必须用盐水洗净。

2. 蛋饺不能破皮。

三、木耳豆腐粉

【导学】

　　木耳豆腐粉是邵阳最经典的米粉，也是邵阳人无论男女老少早上都爱吃的一款早餐。豆腐的软糯配上木耳的爽口，滋味独特。

【原料配备】

　　主料：米粉 100g，瘦肉 100g。

　　配料：豆腐 100g，木耳 50g。

　　调料：色拉油 30g，盐 2g，料酒 5g，蚝油 3g，生抽 2g，老抽 2g，葱花 8g。

【工艺流程】

　　1. 粉码制作：将木耳和豆腐洗净切成小片，把瘦肉切成丝，锅中放油炒香，加入生抽、老抽、料酒、耗油、盐，腌制片刻，等全部成熟之后即可。

　　2. 底汤制作：同"邵阳三鲜粉"，此处不再详述。

　　3. 煮粉及配碗：在干净的碗中，加入适量的盐、酱油和葱花，以备盛米粉。新鲜米粉下入滚水中烫熟。加适量汤底入配碗中，装入米粉，盖上豆腐、木耳粉码即可。

【成品特点】

豆腐软糯、木耳爽口、回味绵长。

【技术关键】

1.炒粉码的火候要精准掌握，防止出现粘锅和焦糊。

2.豆腐和木耳的比例要控制得当。

任务三　湘潭米粉

【任务导读】

湘潭在明清时期十分繁盛，素有"小南京之称"，曾是广州进出口货物运输的重要中转站。湘潭菜有"土、特、时鲜"的特征，湘潭米粉总体上与长沙米粉类似，但又有自己的特色。湘潭米粉一般为扁粉，粉皮薄，水煮不糊汤，干炒不易断，口感爽滑柔润兼具弹性。而湘乡地区却以银丝粉为主，先泡后煮，弹牙爽滑，十分筋道。湘潭米粉重汤重码，以猪筒骨、牛棒骨、老母鸡等优质食材为汤头，味道浑厚甘润。粉码丰富，有煨肉码、鸡杂码、羊肉码、爆炒腰花码等，再配上湘潭本地剁辣椒、萝卜干和酸豆角，滋味醇厚鲜美。

【任务目标】

1. 了解湘潭米粉的特点。

2. 掌握有代表性的湘潭米粉的制作工艺。

一、湘潭原味石磨手工米粉

【导学】

　　湘潭米粉分为手工粉和机制粉。最经典、最地道的湘潭米粉是湘潭原味石磨手工米粉，而其中最有名的当属位于芙蓉农贸市场内的有吃堂小吃店制作的米粉。一碗有灵魂的湘潭米粉，粉、汤、码缺一不可。有吃堂传承传统手艺制作而成的石磨手工米粉筋道弹牙，口感细腻；长时间熬制的大骨汤鲜美醇厚；选用当地新鲜猪肉小火煨制的肉丝码肉香浓郁。三者的完美搭配成就了一碗地道的湘潭原味石磨手工米粉。

【原料配备】

　　主料：湘潭石磨手工米粉 150g，猪前腿肉 100g。

　　配料：猪筒骨一副，老母鸡半只。

　　调料：盐 2g，味精 3g，酱油 10g，姜 10g，葱花 10g。

【工艺流程】

　　1. 粉码制作：猪前腿肉洗净后将肥肉剔下炼成猪油备用，瘦肉切成细丝。净锅置旺火上，倒入炼好的猪油滑锅，下肉丝，用小火不停翻炒，炒至断生透出肉香后加入适量水烧开，再加入盐、味精、酱油、姜片用小火煨制 2 小时。

2. 底汤制作：猪筒骨、老母鸡洗净，焯水去净浮沫，加3倍清水及适量姜片熬煮2-3小时备用。

3. 煮粉及配碗：在干净的碗中，加入适量的猪油、盐、味精、酱油和葱花，以备盛米粉。将新鲜现制的石磨手工米粉挑至粉篱中，在开水中烫制30秒左右，中途可翻动数下，待粉熟后装入配碗中。加适量汤底，装入米粉，舀一勺汤汁浓郁的肉丝码即成。

【成品特点】

米粉筋道弹牙、口感细腻、肉香浓郁、滋味绵长。

【技术关键】

1. 制作过程中将猪肥肉剔下炼油，瘦肉切成细丝。

2. 肉丝煨制的时间和火候要根据肉丝的熟烂度和口感进行判断。

【知识拓展】

天赐山水湖湘，地蕴九州粮仓。湖南湘潭的鼎丰成号创始于清乾隆三十一年（1766年）。光绪三十二年（1906年），湖南遭受特大水灾，史载受灾区"一千数百余里，灾民之众计之不下数十万"。鼎丰成号开仓放粮，赈济灾民，光绪皇帝特赐御题匾额"鼎豐成號"，以资勉励。鼎丰成号旗下的湘潭陈氏石磨手工米粉于2020年8月18日在融科资讯中心正式开业并举行了揭牌仪式。鼎丰成号始终秉承"重义乐善、经世自强"的精神，继承传统工艺，匠心独具。品味虽贵，却不减物力；炮制虽繁，却不省人工。米粉食材甄选优质早稻米，米香浓郁。在制作工艺方面，先浸泡早稻米，再以砂岩石磨细研米浆，经舀浆上笼，旺火蒸透，稍许晾晒，摆片切条。说到口感更是筋道弹牙，滑嫩柔韧。陈氏米粉的主厨陈师傅自幼便跟随祖父学习家传技艺，有着40余年的手工石磨米粉制作经验，仍精益求精，富有抱朴守拙的工匠精神。

二、湘乡鸡杂银丝粉

【导学】

由湘乡人独创的银丝粉是湖南米粉文化里不可或缺的一部分。而湘乡鸡杂银丝粉又是其中的典型代表，银丝粉弹牙爽滑、细如银丝，配以酸辣爽口的鸡杂码，以及精心熬制的高汤，是湘乡当地人心目中百吃不厌的"绝世好粉"。

【原料配备】

主料：银丝粉100g，鸡胗50g，鸡肠50g，鸡心20g。

配料：猪筒骨一副，老母鸡半只，酸辣椒20g，蒜苗20g。

调料：猪油100g，盐2g，味精2g，酱油2g，姜10g，水淀粉5g，葱花5g、香油适量。

【工艺流程】

1.粉码制作：将酸辣椒泡水，蒜苗去头用清水洗净。鸡心、鸡胗、鸡肠清洗干净，将鸡胗切成0.2cm厚的片，鸡肠切2cm长的段，鸡心从中间切开。蒜苗切1cm长的小段，酸辣椒切碎，姜切末。鸡胗、鸡心、鸡肠放入碗中，用盐、酱油、水淀粉腌制上浆。净锅置旺火上，倒入色拉油烧至七成热，投入鸡胗、鸡心、鸡肠，过油至断生，倒出沥油。锅内留底油，烧至六成热，下酸辣椒、姜爆香，下蒜苗，加盐、味精调味，翻炒均匀，下鸡杂合炒，勾芡淋油，出锅装盘备用。

2.底汤制作：猪筒骨、老母鸡洗净，焯水去浮沫，加入3倍清水及适量姜片用大火煮沸，转中小火熬煮2-3小时备用。

3.煮粉及配碗：在干净的碗中，加入适量的猪油、盐、味精、酱油、葱末和少许香油，用热汤化开后备用。将已用温水泡开的银丝粉挑至粉篱中，在开水中烫制30秒左右，中途可翻动数下，待粉熟后装入配碗中，盖上鸡杂粉码即可。

【成品特点】

米粉弹牙爽滑、鸡杂脆嫩、酸辣咸鲜。

【技术关键】

1.鸡心清洗干净，鸡胗去除筋膜，鸡肠采用盐醋搓洗法洗净。

2.鸡胗要切得厚薄均匀，鸡肠要切得长短一致。

3.过油的油温控制在七成热，鸡杂下锅推散后迅速捞出，断生即可。

4.芡汁浓度适宜，明油亮芡。

【知识拓展】

湘乡银丝粉起源于1990年，当时有着一手制粉工艺的永州人周美玲跟着丈夫来到湘乡，开了第一家"老南门银丝粉"店。因其弹牙爽滑的口感配上五花八门的菜码，能让食客在味觉和视觉上得到双重的满足，很快银丝粉和当地米粉并驾齐驱，成为备受湘乡男女老少喜爱的美食。如今，湘乡各农贸市场都能买到银丝粉，大街小巷的米粉店也都吃得到银丝粉。

三、湘潭羊肉粉

【导学】

湘潭人喜食羊肉粉，在湘潭的街头巷尾，羊肉粉馆鳞次栉比，光顾者颇多。"美味羊肉粉，鲜汤来打底"，羊肉粉的好吃便在这汤上，以独特的配方和优质的羊肉、羊骨熬制而成，不腥不膻、味道鲜美、营养丰富。吃一口羊肉嗦一口粉，再来一碗汤，十分能满足食客的口腹之欲。

【原料配备】

主料：湘潭手工米粉 100g，羊肉 100g。

配料：羊骨一副，香菜 5g。

调料：盐 2g，冰糖 20g，味精 3g，酱油 5g，花椒粉 2g，姜 10g，葱 10g，辣椒油 10g。

【工艺流程】

1.底汤制作：羊肉、羊骨洗净，焯水去浮沫，加入 3 倍清水及适量姜片、冰糖用大火煮沸，转中小火熬煮 2-3 小时备用。

2.粉码制作：汤底中的羊肉软烂熟透后捞出切成薄片备用。

3.煮粉及配碗：在干净的碗中，加入适量的盐、味精、酱油和花椒粉，以备盛米粉。米粉用凉水泡透去掉酸味，放入沸水锅中烫熟，用漏勺捞出装入配碗内。加适量汤底，盖上一层薄薄的羊肉片，浇上鲜红的辣椒油，撒一些葱花、香菜即可。

【成品特点】

粉质细滑、羊肉薄而不散、回味悠长。

【技术关键】

1. 熬羊肉汤时先将鲜羊肉和羊骨焯水，再小火慢炖，使羊肉汤清而不浊、鲜而不膻。

2. 羊肉熬好汤后取出切成片，要厚薄均匀。

四、猪油拌粉

【导学】

猪油拌粉也称光头粉。一勺猪油、几滴当地有名的龙牌酱油,趁热与细白幼嫩的米粉拌在一起,色泽逐渐从白色变为酱色,最后撒上少许葱花,一碗喷香可口的猪油拌粉就完成了。飘荡的酱香、猪油香里满满都是湘潭人的回忆。

【原料配备】

主料:湘潭手工宽粉100g,猪板油50g。

调料:盐2g,龙牌酱油2g,姜10g,蒜10g,葱花5g。

【工艺流程】

1. 粉码制作:猪板油洗净切成小丁;姜、蒜洗净切末。净锅置旺火上,下板油丁炼油,下姜末、蒜末煸香后过滤,即成猪油粉码。

2. 煮粉及配碗:在干净的碗中,加入一勺猪油,适量盐、酱油,以备盛米粉。新鲜米粉下入滚水中烫熟。将煮好的粉盖在猪油及调料上面,趁热搅拌均匀,最后撒上少许葱花即可。

【成品特点】

爽滑柔嫩、油而不腻、酱香浓郁。

【技术关键】

1. 猪油炼制的过程中注意火候的掌握。

2. 趁热将煮好的米粉、猪油、酱油搅拌均匀。

【知识拓展】

湘潭的猪油拌粉之所以能在米粉江湖中占据一席之地，龙牌酱油功不可没。龙牌酱油是湘潭历史悠久、驰名中外的特色产品。自1915年在巴拿马国际博览会上，龙牌酱油与贵州茅台酒同时获得金奖之后，名扬四海。据《湘潭县志》记载，清乾隆年间，湘潭有吴源泰、吴恒泰两家制酱作坊，相互竞争，制酱工艺不断提高，逐渐形成一套独特的酿造工艺。其作坊生产的酱油"汁浓郁、色乌红、香温馨"，被称为色、香、味三绝。清代著名诗人及书法家何绍基的诗句"三餐人永寿，一滴味无穷"就是对龙牌酱油的赞赏。如今在龙牌酱油的厂房里，制酱的传统老手艺还在延续。

湘中米粉评鉴表			
考核内容	考核要点	配分	得分
主料	1. 米粉的熟度符合基本口感要求，柔软而不失韧性。（5分） 2. 原粉新鲜，要带有一定的米香。（5分） 3. 原粉与汤料的协调度，是否出现糊汤现象。（5分）	15	
配料	1. 原料的新鲜度符合新鲜食材的要求。（5分） 2. 配料与原粉及汤料的组合相得益彰，盖味不抢味。（5分） 3. 配料的分量及种类符合大众化咸香味美的口味需求。（5分）	15	

考核内容	考核要点	配分	得分
汤料	1.汤料色泽油亮,有光泽。(5分) 2.汤料具有鲜香的愉悦香气。(5分) 3.汤料咸香适口,突出原粉的主味。(5分)	15	
粉码	1.粉码色泽符合提振食欲的要求,突出主料。(5分) 2.粉码咸香适口,处理得当,入味。(5分) 3.粉码与汤料完美融合,相得益彰。(5分) 4.粉码原料味、芡汁味符合菜品的基本要求。(5分)	20	

练习题

一、选择题

1.湘中地区米粉不包括以下哪个地区? (　　　)

A.娄底　　　　　B.邵阳　　　　　C.湘潭　　　　　D.岳阳

2.娄底米粉的主要形态为(　　　)。

A.圆粉　　　　　B.细粉　　　　　C.扁粉　　　　　D.砸粉

3.制作新化向东街米粉的牛肉最好选择(　　　)。

A.牛腩肉　　　　B.牛胸肉　　　　C.牛里脊肉　　　　D.牛腱子肉

4.制作新化向东街米粉的牛肉码卤熟后入油锅炸制的油温一般是(　　　)热。

A.三成　　　　　B.五成　　　　　C.七成　　　　　D.九成

5.湘潭羊肉粉汤底制作用时大约需要(　　　)。

A.2～3小时　　B.4～5小时　　C.6.8小时　　　D.10小时左右

6.湘乡鸡杂银丝粉的粉码不包括(　　　)。

A. 鸡胗　　　　　　　B. 鸡肠

C. 鸡心　　　　　　　D. 鸡肉

7. 邵阳三鲜粉的"三鲜"粉码不包括（　　　）。

A. 蛋饺　　　　　　　B. 猪肚

C. 猪肉　　　　　　　D. 香菇

8. 武冈南门口米粉的配菜不包括（　　　）。

A. 小白菜　　　　　　B. 菠菜

C. 油菜　　　　　　　D. 芹菜

9. 以下不属于湘潭菜特点的是（　　　）。

A. 土　　　B. 时　　　C. 鲜　　　D. 辣

10. 据《湘潭县志》记载，龙牌酱油起源于（　　　）。

A. 战国时期　　　　　B. 汉代时期

C. 清朝时期　　　　　D. 民国时期

二、判断题

1. 油汤红亮、油而不腻是娄底米粉的特点。（　　　）

2. 新化向东街米粉一般会配上当地人最喜欢的山胡椒油。（　　　）

3. 邵阳米粉的主要形态是圆粉，被称为圆粉中的"巨无霸"。（　　　）

4. 湘潭米粉一般为扁粉，粉皮薄，水煮不糊汤，干炒不易断，口感爽滑柔润兼具弹性。（　　　）

5. 青树坪米粉是娄底双峰县青树坪镇的特产，远近闻名，一般使用湿粉制作。（　　　）

6. 湘乡地区以银丝粉为主，需先泡后煮。（　　　）

7. 湘潭原味石磨手工米粉的肉丝码制作过程中需要先将肥肉剔下炼油。（　　　）

8. 邵阳米粉的制作需要经过选米、发酵、打浆、压团、

打团、榨粉六道工艺。（　　　）

9. 邵阳三鲜粉原料处理过程中，猪肚必须用盐水洗净。（　　　）

10. 猪油拌粉只需要将米粉煮熟，再加入猪板油搅拌均匀即可。（　　　）

三、简答题

1. 总结新化向东街牛肉粉的制作工艺。

2. 阐述双峰青树坪米粉的起源与发展。

3. 总结湘乡鸡杂银丝粉的操作要点。

4. 简述武冈南门口米粉粉码的制作过程。

5. 对于鼎丰成号旗下的湘潭陈氏石磨手工米粉的发展，谈谈你的体会。